U0060121

WATER EARTH

極端氣候下的關鍵時刻

# 地球還剩幾年？

不只台北沉沒，當然。

哪有一種水只是沖著台北而來？！

拿尺規算算你居住城市的海拔，沉沒不沉沒一清二楚。

可悲的是，氣候升高、海平面上升到足以淹沒這些城市時，

應該也恰是這些城市發展到「鼎盛」時期，

我們因此極有可能出現「盛世遷徙」。

作為本書作者，我根本無法想像那時的場面，

信與不信，讀者可以自己去看：

氣溫是不是在升高？

南北極的冰川是不是在減少？

海平面是不是在逐漸提高？

但願，一切均為杞人憂天。

但是，你相信氣溫會一再升高嗎？如果相信，則沉沒極有可能。

# 推薦序 | INTRODUCTION

## 地球出事了

顏石泉

　　不管怎麼講，2012絕對是個神祕的數字。這個因瑪雅預言而起的數字，引發了很多人對地球的關注，也恰在很接近2012的時間裡，地球頻繁地出現大災。

　　也因此，我不得不承認：地球出事了，我們進入「巨災時代」。

　　關於災難，日本人有更人文的看法。2011年3月11日下午，日本東北部海域遭受9.0級強震和海嘯，並因此引來日本13座火山異動，還直接導致輻射外洩。很多日本人認為，地球已給人類帶來了太多的財富，不能指責地震為「災」。這種感恩的思想讓人感動不已！

　　問題在於，巨災並未停止，我們需要科學家們告訴我們真相。

　　2005年1月4日，美國國家科學院院長BRUCE ALBERTS博士在接受《時代週刊》採訪時嚴肅指出：經過了2004年末的印尼大地震，亞洲大陸板塊和太平洋板塊正在變得脆弱，地震和海嘯也將越發活躍，尤其是亞洲東部的日本列島已經處在一個隨時可能塌陷的「漏斗」之上。

　　這位美國科學院院長曾發表文章，指由於兩方面的原因，日本終將沉入海底。其一是氣候變暖，海水上升；其二是日本附近的馬里亞納海溝（平均深度8,000公尺，距離日本列島最近處不過200公里）正在加深，並且以超過每年10公分的速度向日本方向移動。

　　BRUCE ALBERTS博士甚至建議日本向周邊友好國家，中、韓、美等尋

求幫助，在大災難一旦降臨的時候，能夠將日本眾多的平民百姓遷移到中國大陸等國的領土上，作為「自然災害難民」，以避免日本「整個民族的毀滅」。

在這些重要研究面前，我們沒法相信，正如我們沒法相信上海、紐約、巴黎、倫敦、香港等等一大批城市將被海淹沒一樣。我們也無法相信，美國的黃石公園火山噴發，對美國、對世界會帶來什麼影響。可，邏輯已有指向，時鐘也正在嘀噠作響，我們不能因為沒有發生而拒絕相信。

本次出版，日本正在處理地震所帶來的極度核危機中，與此同時，另一個威脅地球的現象，氣候變暖正以超研究的速度，進展。

我們擔心這樣一種邏輯：地震開始，海嘯隨後，火山收尾。或許，我們已經進入「巨災時代」。

# 前言 | FOREWORD

## 未來水世界，你信嗎？如果不信……

蘇 言

1995年9月28日，片長176分鐘的美國影片《水世界》（Waterworld）上映，導演凱文·雷諾斯講述由於地球兩極融化，世界變得汪洋一片，人們只有水上生活。一名孤獨的海行者來到浮島阿托爾，用一罐泥土交換水和番茄苗……在那個時候，泥土是極其珍貴的東西。

凱文·雷諾斯說，此事將發生在2500年。按現在統計，相差約490年。

這部被稱為科幻片的影響力是震撼的，在影片公映的1995年，它的科幻性質是無人質疑的。因而有影評寫道，……印象中，未來世界總是高度發達的，會有機器人，有高速的交通工具，人們的生活模式與現在完全不同。可是這部片的未來，卻是個水世界，遺留下來的人們並不知道過去是什麼樣的，陸地被稱為神話與夢想，即使還沒有人見過……。

我們在看過IPCC的報告後，想到這部影片，一切變得沉重。IPCC報告稱，由於氣候升高導致海平面上升，全球2/3的三角洲將會被淹沒。海水無國界，大量的城市文明將作古。科學家們說，如果一切依現在而不改變，這種現象約需50到1,000年。而假使如此，則《水世界》的描繪並不過分。

我們不要忘記，關於人類的起源學說，其中之一，講的就是人類起源於海洋。

大約西元前2000年的一塊中東泥板上記載著世界產生的記憶：「最初沒有蘆葦，沒有樹，沒有房屋，沒有城市，到處是海洋。」這說明，當人

類有記憶的時候他們所知道的就是海洋，後來陸地才慢慢顯示出來。我們據此發現，不僅人類喜歡沿河流生存，而且考古顯示最早的人類也非常喜歡沿海而居。20世紀中期英國人類學家艾利斯特·哈代爵士認為，距今400萬年至800萬年前這一時期的人類祖先並不生活在陸地上，而是生活在海中，這裡存在一個化石的空白期。在人類進化的歷史中，存在著幾百萬年的水生海猿階段。大約在400萬年至800萬年前，非洲東部和北部曾經有大片地區被海水淹沒，海水分割了生活在那裡的古猿群，迫使其中一部分下海生活，進而成為「海猿」。幾百萬年後，海水退卻，已經適應水中生活的海猿重返陸地，他們就是人類的祖先。

歷史對時間的記載總是動輒上百萬年，而對人類單體個人的生存時間則最多百年。對現存的人類來講，人類的過去與起源重要，但也不重要；人類的未來與變遷重要，卻同樣也可以不重要。重要的是：我們無法目睹眼前的一切在我們可以計算的時間、可以計算的未來中葬身海底，人類的文明就此作古。我們驕傲的工業革命起源於英國，如果人類的未來與工業革命不可分割，我們該怎樣評價工業革命？

亞洲、歐洲、非洲、美洲、澳洲，無數依海而建的，象徵著人類偉大業績的城市，都將陸續因為海水的上升而淹沒？那是不可想像的事情！

但是，本書告訴你：你不得不去想像！

人類的獨特在於：能夠「意識到自己可以改變明天」。如果這樣，為何不評估一下現實世界？它是否處於未來質變的量變過程中，如果是，一定有辦法可以尋求改變。

未來水世界，如果你信，它就不會出現；而如果不信，它出現的可能則大為增加。

本書所帶給讀者的，絕非我們所願。也許事情遠沒有那麼嚴重，也許一切還來得及改變，或也許：有高於人類和大自然的手自會安然調度。對於未來的可能，提供一種現行邏輯下的分析，是科學的態度之一。

　　關於氣候變遷的種種推斷，已經不能被言其為預言，而是已經發生。到目前為止，眼前所見到的轉變都只是開始。

　　英國國家地理學會的新生代探險家馬克林納斯說，儘管「明天過後」的場景離我們還遠，氣候變遷的臨界點卻的確正在逼近。面對這個遠比恐怖主義、犯罪、保健、教育都來得迫切的關鍵問題，你我已經沒有太多選擇。

　　我們祖輩生活在一個被稱為宜居的星球上，不愁吃不愁穿，也不愁嚮往。我們也希望子孫後代們能繼續擁有：雪山、草地、樹木、河流、大熊貓……樣樣皆有——一個生生不息的地球。

正在可能沉沒的世界城市，提前50年預告……

# 目　錄

## c o n t e n t s

### 引子　文明，洗牌抑或崩塌　　　　　23

地球正在驅逐人類。

2010年5月，科學家公布研究報告顯示，不到300年，地球絕大部分地區將不再適宜人類居住。台灣著名媒體人陳文茜，多年來持續關注氣候暖化，她2009年表示：「科學家們估計2020年左右北極將完全融冰；地球走上毀滅性的關鍵2度，只剩七年。」

在這個巨災時代，人類該如何拿回生命主導權？

### 第一章　亞洲危城　　　　29

隆尼·湯普森　　李光耀　　符淙斌　　陳文茜

21世紀是亞洲世紀，21世紀也是危機世紀。

IPCC第四次評估報告亞洲區域研究專家警示：「亞洲將成為繼極地、非洲次撒哈拉、小島嶼之後全球變暖最大受害者之一。」

全球變暖，極地冰川以前所未有的速度融化、非洲次撒哈拉區陷入嚴重水危機、小島嶼國家集體面臨「葬身大海」，那麼，新的受害者亞洲會遭遇什麼樣的嚴重災難呢？

最好的時代　最壞的時代　　　　　　　　　　　　　　30

# 第二章　華夏之痛

喬丹·麥克格蘭納罕

劉小漢

楊學祥

陳廣庭

英國環境與發展研究所、美國紐約城市大學和哥倫比亞大學的3位科學家共同完成的研究報告中指出：像上海這樣的沿海城市會受到水淹威脅。今天的中國，沿海城市不僅是富足與現代化的象徵，亦是眾多文明精華之所在。人們始料未及的是，這些歷經了數千年才輾轉選定的富庶之地，如今卻面臨著海平面上升的步步緊逼。難道中國的文明又將踏上遷徙的征程？同時，英國環境與發展研究所的麥克格蘭納罕博士為沿海經濟格外發達的中國到底提出了哪些「逃生」之策？

## 第三章　世界歎息　　　143

彼得·斯托特　　　科菲·安南　　　馬麥克

全球變暖，亞洲受災情況最嚴重，但並非其他地區就可以高枕無憂。
2007年IPCC第四次報告指出，歐美、大洋洲、非洲和南美洲同樣受到
氣候變化的影響。氣候變暖已然成為當前最核心的國際問題。
經濟、人權，生存、發展，貧窮國家、發達國家，都被捲入這個問題
的漩渦。是否有人可以置身事外？

## 氣候暖化沒有贏家　　　　　　　　144

## 北美·看得見的傷痕　　　　　　151

### [美國]

# 第四章　山川齊暗

阿貝·賈卡爾　　達瓦·史蒂文·　　賈里德·戴蒙德　　阿諾爾德
　　　　　　　　夏爾巴

在全球氣候變暖中，除了人類、城市遭遇威脅，最貼近自然的美景以及古文明遺址也將面臨前所未有的生存挑戰。如果你有一雙明亮的眼睛與一顆敞開的心靈，那麼，請跟著我一起看看，它們的生存現狀……。

# 引子 | INTRODUCTION

## 文明，洗牌抑或崩塌

文明的根基顯得如此脆弱，即便今天的人類已能做到上天入地、逆水行舟、偷天換日……。

脆弱，似乎僅僅是因為人類放棄了對於自然的敬畏——作出無所顧忌的碳排放，肆無忌憚地自然改造……。

大自然沒有掩飾它對於人類這種態度的意見。

2010年以來，整個地球好似「中風」，不該乾旱的地方乾旱了，原來乾旱的地方更乾旱了，沉睡了多年的大火山爆發了，而且一發二發再發，幾乎使得歐洲經濟停滯，一個城市一天裡經歷了「四季」，暴雪、強震、強沙塵暴，沒有一個地方得以安寧，也沒有人說得清楚，今天是什麼季節，明天又將如何？

人類歷盡幾千年耕獲的氣候守則在2010年幾乎完全失效。

地球淪陷，無人倖免。

更多的人願意相信這是大自然的一次鄭重回答。

持這種觀點的人們認為，在對於人類雷聲大雨點小的所謂氣候峰會一次又一次冷眼旁觀後，大自然對人類決策者發布了宣言。

他們說，2009年底，全球最高規格的氣候峰會在丹麥哥本哈根無果而終；2010年，罕見的劫難接踵而至，這不是巧合。

如果我們將大自然此次「宣言」看做是一次表演的話，那可以明確指出的是，這次表演沒有彩排。

而且，這次沒有，以後也沒有。

現在能看到的「彩排」是人類自己設計的，在這些集中全世界最頂尖科學家智慧設計的「彩排」中，我們可以看到：

除了摧毀性的風暴潮（氣象海嘯）【注】，全球變暖還將澈底改變亞洲生命線——季風，從而產生史上最嚴重的全亞洲生存危機，並醞釀大規模衝突；全球變暖將使得歐美經濟遭遇重創，美國將蒙受9萬億美元的經濟損失，歐盟每年經濟損失達650億歐元，而在一些科學家看來，這還是相當保守的估計。

更可怕的是，全球幾乎每個著名的大城市，科學家都作出這個城市在氣候暖化情勢下的存亡預言，那些所剩無幾的時光，幾乎無法挽留。

人們在惶恐地追問：倫敦、紐約、洛杉磯、東京、雪梨、溫哥華、威尼斯、上海、北京、香港、台北、曼谷……一旦失去這些人類重城和工業化的最好結晶，我們還可以剩下什麼？

這個問題的背後是一次世紀審判，原告是大自然，被告是無盡追求工業化的人類。

參與答辯的人類，彼此間的分歧已越來越小。

儘管2009年底的哥本哈根會議曾引發外界對聯合國政府間氣候變化委員會（IPCC）公信力的抨擊，2010年初以來，針對氣候科學的抨擊也不絕於耳，但2010年3月英國氣象局（Met Office）最新的評估報告顯示，人為的全球變暖證據比IPCC官方評估報告中所描述的更為有力。專業評論者認為，這標誌著主流科學家正再度掀起一場運動，表明人為的溫室氣體排放

---

【注】 風暴潮：是由於劇烈的大氣擾動，如強風和氣壓驟變導致海水異常升降，使受其影響的海域潮位大大超過平常潮位的現象。風暴潮所產生的影響，很大程度上取決於其最高潮位是否與天文潮高潮相疊。當然，也決定於受災地區的地理位置、海岸形狀、岸上及海底地形，尤其是濱海地區的社會及經濟情況。風暴潮災害位列海洋災害之首，世界上絕大多數因強風暴引起的特大海岸災害都是由於風暴潮造成的。

正造成全球變暖的潛在危險。

「在已觀測到的氣候變化的諸多不同方面，都已經發現人類活動影響的特徵，」英國氣象局哈德利氣候研究中心（Hadley Centre for Climate Research）氣候監測主任彼得‧斯托特（Peter Stott）表示。「來自太陽、火山爆發或自然週期的自然變化，都無法解釋近年來的氣候變暖現象。」

評估發現，IPCC上一份評估報告中未提到的幾個氣候變暖「特徵」，現在已經明明白白地存在。

一個是人為引起的南極地區氣候變化，這是最新一個地區性氣候變暖已得到證明的大陸。

還有關於海洋變暖的新證據出現。海洋變暖產生了幾個方面的影響。亞熱帶大西洋的鹽度明顯提高，額外增加的鹽分進而又改變了洋流方向。海洋變暖的另一個影響是海水蒸發量不斷增大，導致大氣濕度上升，降雨模式不斷改變。

近年來氣候災難的筆記和片段，也是大自然審判的最好注腳：

2008年1月中國南方大雪，冰凍範圍之大，1949年以來罕見；5月緬甸風災，災民占總人口之半，奪走13萬條人命；夏天澳洲高溫47度，破百年紀錄。

2009年7月以來的聖嬰現象席捲全球，8月27日重慶16小時一夜之間竟閃電11,471次，比戰爭轟炸還厲害；加州9月大火；希臘8月底乾旱；土耳其9月7日兩天內下了半年的雨量；遼寧大旱，長江中游氾濫；莫拉克颱風降下世紀雨量；雪梨蒙在沙塵暴裡；東非2,000萬人饑荒；颱風過後菲律賓慘狀比二戰日軍入侵還糟。

2009年7月以來的3個月，世界上數百萬人國土破裂，家園毀滅；總計各國死亡人數超過10萬人，上百萬人經歷生離死別。

2010年，拉丁美洲國家和亞洲多國包括中國西南部出現罕見大旱；巴西降雨過量……

上述惡劣之狀並非沒有答案。

國際科學家的模擬研究已可推出結論：過去每隔一段時期才間歇出現的聖嬰現象與反聖嬰現象，現已「無縫接軌」，因此，極端氣候將成為地球氣候常態。

換句話說，全球暖化導致聖嬰現象與反聖嬰現象成了常態，這又使得颱風已無分輕度、中度、強度，皆是破紀錄超大雨量；山洪、土石流與颶風歷次狂飆。

「整個地球的水迴圈正在改變，」英國氣象局哈德利氣候研究中心氣候監測主任斯托特也提出類似研究結論。「濕潤地區變得更加濕潤，乾燥地區則越發乾燥。」就全球範圍而言，這意味著熱帶地區雨量減少，高緯度地區雨量增大。

也許，今後每一個風和日麗的日子，都是人生僥倖。

這也意味著，世紀審判已進入了倒數計時。

而一旦對於人類的審判結束，大自然不會手軟，其判決執行路線幾乎不可逆轉。

也就是說，即便人類因失去那些最著名的城市——文明的寶庫，而一生難忘，但災難也並不會到此為止。

多米諾骨牌，會在地球系統中最大程度地發揮其崩塌效應。

最可怕的結果是地球將驅逐人類。

2010年5月，科學家公布研究報告顯示，不到300年，地球絕大部分地區將不再適宜人類居住。

這份研究報告刊登在美國《國家科學院學報》（Proceedings of the National Academy of Sciences），研究者是澳洲新南威爾斯大學（University of New South Wales）和美國普度大學（Purdue University）的科學家，他們指出，氣候變遷可能造成全球氣溫過熱，若干地區溫度升高，意味著人類將無法適應或生存。

他們在報告中說：「當全球平均氣溫上升約7℃，若干地區的居住環境將成問題。當氣溫上升11～12℃，這類地區將會擴大到目前人類居住的絕大部分區域。」這項觀察氣候變遷較其他多數實驗更為長久的研究不同，是以綜合溫度和濕度升高產生的「熱壓力」（heat stress）作為觀察依據。

研究者雖不認為地球氣溫會在本世紀上升7℃，但當前仍存在嚴重風險，持續不斷的燃燒石化燃料，可能會在2300年之前產生問題。

澳洲國立大學（Australian National University）馬麥克（Tony McMichael）教授說：「在務實的情景下，到2300年時，我們可能面對氣溫上升12℃或更高。」

他說：「如果真的發生，我們目前關切的問題，包括海平面上升、熱浪侵襲、火燒山、生物多樣性喪失以及農業艱困等，都變得毫無意義，因為將面臨一項更重大威脅，就是人類目前居住的地區，有一半可能因為過熱而無法居住。」

多年來持續關注氣候暖化，台灣著名媒體人陳文茜感同身受，她在2009年10月寫下了這樣一段話：

「我想勸告年輕朋友們，拿回生命主導權；你們比任何人都應大聲斥責那些毀滅地球的成人們。科學家們估計2020年左右北極將完全融冰；地球走上毀滅性的關鍵2℃。那時你可能只有27歲，可能不到40歲。你會來不及體驗享受太多人生，卻被迫與父母年年大遷徙。如果一切不改變，之後我們都將不斷地經歷漂浮遷徙的人生。」

人類不斷地移居，尋找安全之地；生離死別發生在每一個山區與靠海之處；我們再無家鄉的意念，因為沒有任何一個地方可以保證安住數十年。許多城市、村落，都可以從地球上抹掉，沉入海裡。不斷地逃亡，逃亡……發動戰爭的是地球，戰爭源頭來自極地的冰川，來自沉默於地底的火山地震帶。天崩地裂，勝過萬馬奔騰，沒有一個朝代，沒有一個大國擋得住。於是緬懷、回憶、紀錄……一切都失去了意義。

　　人生其他的事，有一天我們都得放下。為你自己，更為你的孩子，關心一下地球。

　　也許如此，我們可以重新定義我們的文明，而文明可以重新定義，本書所述的這些著名城市和美景也可以不必消失。

# 第一章 | CHAPTER 1

## 亞洲危城

21世紀是亞洲世紀，21世紀也是危機世紀，當氣候問題橫亙在亞洲面前時，不禁發現，有如此之多、如此之重要的亞洲城市都開始遭遇危機。

# 最好的時代　最壞的時代

　　當展開世界地圖，端詳亞洲這片廣袤的土地時，它一如地圖描繪之初：擁有69,900公里世界最長的海岸線，東部沿海繁華城市聳立；中部地區崇山峻嶺、喜馬拉雅山脈蜿蜒而過；南部三角洲河道縱橫、片片稻田。正當沉浸其中，耳邊卻突然會回蕩起一個聲音，這個聲音來自2007年4月23日，IPCC第四次評估報告第二工作組亞洲區域研究最新進展通報會，該報告主要作者召集人、中科院地理與資源環境研究所研究員吳紹洪的論述：「亞洲將成為繼極地、非洲次撒哈拉、小島嶼之後全球變暖最大受害者之一。」

　　根據全球變暖最大受害者的定義：全球變暖，極地冰川以前所未有的速度融化、非洲次撒哈拉區陷入嚴重水危機、小島嶼國家集體面臨「葬身大海」，那麼，新的受害者亞洲會遭遇什麼樣的嚴重災難呢？

## 海升，威脅大城

　　亞洲擁有世界上最長的海岸線，由於特定的歷史地理因素，許多大城都是位於沿海，但是，這個地帶卻又是受全球變暖、海平面上升衝擊最大的地方。

　　2008年10月22日，聯合國人居署和亞太經社會在泰國曼谷發布了雙年度旗艦報告《世界城市狀況》。報告指出，許多亞洲大城市都面臨著由氣候變化導致的海水上漲的威脅，如果不儘快制定減緩氣候變化的方案，上海、孟買等人口高度密集、擁有大量經濟財富的港口城市將承受最嚴重的損失。亞洲的20個大城市中，就有18個位於沿海、沿河或三角洲地區。其中，東南亞1/3以上的城市人口都生活在海拔不足10公尺的沿海地區，處境

尤其脆弱，僅日本就有2,700萬城市人口面臨危險，比北美、澳大利亞和紐西蘭的總和還要高。預計到2070年，孟加拉、中國、泰國、越南、印度等國家的許多港口城市以及類似達卡、加爾各答和仰光等位於河流三角洲上的城市都將成為高危險城市。

縱觀這些城市，不難發現正是沿海、三角洲的地理位置，一方面將它們推向各國經濟中心的寶座，另一方面，又帶來海平面上升被淹沒的致命危機。

百年前，這些城市幾乎都是一些偏僻的小漁村，然而，一旦航海時代帶來了殖民與國際貿易，這些城市反而成為各國對外發展的視窗。正如上個世紀50、60年代，東亞出口導向型經濟發展模式便催生了占據「天時、地利、人和」的「亞洲四小龍」。這4個國家與地區無不擁有面向太平洋的門戶型港口城市，即釜山、新加坡、香港、高雄、基隆等，現在，這些城市皆因港而興。如今，雖然隨著全球化的進一步加強，培育了一個很大程度上依賴海運的貿易市場，「金磚四國」中的中國和印度，幾乎也是沿襲了以往的經濟模式，上海、深圳、孟買等沿海大城都創造了新世紀的發展神話。

這些沿海城市，除了繁忙的貨櫃標誌著它們「經濟樞紐」的身分，密集的沿海遷徙也表明了它們快速的城市化過程。

2007年聯合國出版的《2007年世界人口狀況報告》中就提到：「非洲和亞洲雖然城市化水準低，居住在沿海地區的城市人口比例卻遠遠高於北美洲和歐洲，尤其是亞洲，容納了全球低海拔沿海地區3/4的人口，世界2/3的城市人口。」像東京、加爾各答、上海這些城市的人口已經遠遠超過千萬，並且正在不斷擴大以其為中心的「都市圈」。

由於自然資源和貿易機會，亞洲各國的沿海地區幾乎無一例外地成為人員和經濟活動的集中地。但是，沿海城市也有著天生的「軟肋」，它們的平均海拔相對較低、地勢相對低窪，在亞洲的幾大沿海城市中，平均

海拔幾乎在10～15公尺左右，其中多數都是全球平均海拔最低的區域；並且，沿海城市與海「親密接觸」，海平面上升，它們則首當其衝。

對於亞洲沿海城市而言，海平面上升成了一個普遍且嚴峻的問題。

IPCC（政府間氣候變化委員會）曾在它的《氣候變化2007》報告中預計，本世紀末全球氣溫可能上升1.1℃～6.4℃，海平面將上升18～59公分。這一數字對於新加坡來說，足夠使它面臨7大困境，對於中國珠江三角洲的珠海而言，也是一個沉重的淹沒信號。若海平面上升至1公尺，危機將升級，那時東京、大阪和其他沿海地區的近2,400平方公里範圍和大約410萬人將會遭受洪水災害；那時曼谷的淹沒面積更高達全市的72％。然而，這一海平面上升的資料還是在未加入南極與格陵蘭冰蓋【注1】融化的情景下得出的，若全球變暖一發不可收拾，冰蓋融化殆盡，將有可能出現劉小漢教授（國際南極研究科學委員會地球科學組中國國家代表、中科院青藏高原研究所副所長）預測上升70公尺，那麼，不止文後這些亞洲城市，幾乎所有的亞洲沿海城市都將面臨沒頂之災。

海平面上升只是亞洲沿海城市、三角洲城市所面臨的最直接的問題之一，由於亞洲獨特的地理位置，在全球暖化之下，亞洲的風暴似乎也開始增多、殺傷力也更強。

## 季風帶，風生水起

亞洲是世界上著名的季風【注2】區，MAIRS科學指導委員會主席符淙斌

---

【注1】格陵蘭冰蓋，長期覆蓋在陸地上的面積大於5萬平方公里的冰體，稱為冰蓋。目前地球上尚存的冰蓋有南極冰蓋和格陵蘭冰蓋。格陵蘭冰蓋面積約180萬平方公里，平均厚度約1,500公尺，最大厚度達3,200公尺，占世界冰量的7％～9％。該冰蓋中部西側的冰層表面以0.1公尺／年的速率在增厚，而西海岸的消融區冰面每年變薄約0.2尺。

院士認為，季風亞洲區域是指受到季節性亞洲季風環流影響的彼此相連的亞洲區域，包括東亞、東南亞和南亞。這一區域的季節性糧食種植制度、內陸漁業的生態系統都依賴於季風環流系統。

得益於獨特的季風帶來的降雨與先天土壤肥沃的優勢，亞洲諸多的三角洲地區已經成為世界糧倉，例如，緬甸的仰光、越南胡志明市、孟加拉達卡等，幾乎都是重要的稻穀生產地。

對於印度而言，季風對於它的農業有至關重要的作用，因而季風成為當地人生活的重要焦點，人們甚至為此開出賭局。兩年前，《泰晤士報》就曾報導，數以萬計的印度農民為季風降雨下賭注。「季風何時到來？它是否帶來比去年更大雨量？它會持續多久？」一位賭注登記人表示：「從降雨量大小到塵暴出現的不同時間，任何有關季風的情況都可以設賭。人們連今晚下不下雨都賭。」

之後，即便連官方都加入到這一帶有賭博性質的預測中來，總部設在孟買的印度國家大商品和衍生品交易所特別設立了「雨指數」。

現在，全球變暖已經對亞洲的季風以及降雨格局產生了影響。美國普度大學氣候變化研究中心的研究表明：全球氣溫不斷升高可能導致季風環流逐漸東移，從而將使印度洋、緬甸和孟加拉的降雨增多，而巴基斯坦、印度和尼泊爾的降雨則減少。此外，全球變暖還可能造成雨季間隔時間拉長，印度西部、斯里蘭卡和緬甸的部分沿海地區的平均降雨量顯著增多，最終加劇災難性洪水發生的風險。

降雨分布不均，結果是：一半是洪水一半是乾旱。2010年的中國西南

---

【注2】季風：是由於大陸和海洋在一年之中增熱和冷卻程度不同，在大陸和海洋之間大範圍的、風向隨季節有規律改變的風，稱為季風。季風活動範圍很廣，它影響著地球上1/4的面積和1/2的人口。其中，亞洲是世界上最著名的季風區，其季風特徵主要表現為兩支主要的季風環流，及冬季盛行東北季風、夏季盛行西南季風，並且他們的轉換具有爆發性的突變過程，中間的過渡期實則很短。有季風的地區都可出現雨季和旱季等季風氣候。

大旱與東南亞大旱充分表現這一點，這種旱情甚至是洲際性的。

由於2009年雨季提前結束，加上雨季降雨量銳減，亞洲許多國家與地區經歷了多月持續無雨狀態，被東南亞六國6,500萬人口視為生命線的湄公河的水位，更一度降至20年來最低點。湄公河流域的泰國及越南稻米產量占全球稻米貿易量近四成，全球第二大稻米生產國的越南估計水稻產量至少減少1/3，泰國則至少有2萬公頃農田乾旱。

同時，除了季風降雨的影響，亞洲也是特別容易遭受「風暴潮」影響的地區，熱帶氣旋帶來的風暴潮也使得像孟加拉、緬甸、越南這些國家的部分地區遭受洪災。

## 資源漸失，危害逐步升級

全球變暖對於亞洲城市而言，不僅帶來海平面上升與季風降雨的潛在威脅，還將由此引發更深層的社會危機。科學家認為，現在的氣候事件仍然停留在可控的「自然災害」影響之下，但當超過控制的臨界點，自然危機將不可避免地引發社會危機。

對於亞洲而言，一直以來供應各國大河的青藏高原冰山在全球變暖之下，也被診斷為形勢危急。美國俄亥俄州立大學冰河學家隆尼·湯普森（Lonnie Thompson）於2009年1月出席曼哈頓亞洲協會氣候變化會議時提出，受氣溫升高的影響，冰川的融化速度加快，如果冰川繼續加速融化，那麼，青藏高原有4.5萬座冰川中的2/3很可能會在2050年之前消失。這就意味著將出現聯合國政府間氣候變化專門委員會所預測的情形：2050年，中亞、南亞、東亞、東南亞，尤其是大河流域的淨水供應可能減少，將對超過10億人產生不利影響。因為，正如隆尼所說的「在過去的一百多年當中，亞洲很多建築、城市以及生活方式都是建立在充足的水資源基礎上的」。而且，至今為止，南亞諸國仍是以農業為主，正所謂「有冰川，就

有溪流；有溪流，就有人居。農業靠泉水、靠冰川。冰川若消退，降雪若減少，農業顯然就難以為繼，以後的日子就難過了」。

說這個話的是印度拉達克區的省議員納旺・裘拉，對於一直生活在喀什米爾東南部的他而言，無疑是以史為鑒。歷史上，巴基斯坦與印度的三次戰爭就禍起喀什米爾。1947年，英國結束對南亞次大陸長達200年殖民統治後留下了「蒙巴頓方案」，該方案按照宗教特點把英屬印度劃分為印度和巴基斯坦，而唯有喀什米爾地區的歸屬並沒有明確，戰端隨起。雖然表面上，喀什米爾的動亂似乎是一場身分的衝突，若用巴基斯坦首任總理阿里・汗的話說就是「喀什米爾就像是巴基斯坦頭上的一頂帽子。如果我們允許印度取走我們頭上的這項帽子，那就會永遠受印度的擺佈」。但在這表面的理由之下，戰略問題才是兩國關心的焦點：喀什米爾地區水源充足，可以滿足所有人的需求，但是自印巴分治後，大部分的水源被劃分在了印度領土裡，而巴基斯坦80％的農業都依賴於喀什米爾發源的河流。

在21世紀，如果亞洲快速發展的話，也很可能增加水資源的壓力，加上長期存在的國內和國際的緊張局勢，這可能成為將與水有關的爭端轉化為全面衝突的導火線。

在21世紀，氣候繼續升溫，南亞海岸的洪水、陸地的環境壓力以及激烈的經濟競爭，將影響到孟加拉和印度東海岸的絕大多數人口，諸多東亞群島也將感受到類似的影響，地勢低窪的島嶼將不再適合居住，比如馬爾地夫。

在不適宜生存的土地上，人們唯有遷徙，正如最早的一批孟加拉「氣候難民」。他們穿越邊境，潛在衝突急速攀升。比如，印度正在其與孟加拉共和國長達3,000公里的邊境線上修建一道2.5公尺高的圍牆，以阻擋孟加拉共和國受其低窪地勢影響而欲遷移至印度的諸多難民。當然，不僅在亞洲，類似的難民潮也將出現在全球嚴重受災區域。

曾經，有人說「21世紀將是亞洲世紀」，因為在過去的幾十年裡，

亞洲飛躍式的發展讓世界看到了這片區域的強勁生命力，因此，不管是亞洲人民自身還是世界都對21世紀亞洲的更強、更快發展充滿信心。然而，就在這樣一個世紀性的機遇面前，亞洲卻不得不面臨前所未有的沉重地球危機。

　　魯迅說過「悲劇就是把美好的東西撕碎了給你看」，這些美麗不僅僅是文後的這些城市，還有更多的亞洲之城以及全球範圍內的諸城，所幸，我們現在就付出努力，化悲為喜也許還不算晚。

# 中華民國（台灣）

## 台北

災難性質：海水淹沒、強震
劫難程度：★★★★★
行政歸屬：中華民國（台灣）的首都
總 面 積：271.7997平方公里
總 人 口：268萬人（2017年6月）
GDP比重：占台灣GDP的32.21%
平均海拔：7～10公尺
建城時間：西元1875年

# 如果湖天湖地

　　本世紀末，如果海水真的上升6公尺，水將從淡水河直接灌進台北市區，台北市將還原為20萬年前的古代大湖。到那時，無論是億萬豪宅還是價值百億的商業大樓，都將泡在「台北湖」裡。而對於台北強震的預測，無疑又為「台北湖」的重現增加了砝碼。

台北 Taipei

　　位於台北盆地正中的台北市，是一座真正被群山環繞的窪地城市，平均海拔僅有7～10公尺，而最為繁華的市中心恰好位於盆地的底部。盆地之中的新店溪與基隆河環繞台北兩側，再匯入淡水河入海，這些水域讓本就易於人居的地勢更添了幾分肥沃。

　　在歷史上，最早的台北居民是台灣原住民中的凱達格蘭人，到明朝初期開始有漢人移居此地。而直至1875年，清朝欽差大臣沈葆楨才在此建立了台北府，統管台灣行政，從此有了「台北」之名。

　　雖然建城時間不長，台北在國際上的名氣卻絕對不小。在台灣經濟研究院2009年出爐的報告中，專家估算出台北市的人均GDP為48,400美元，這一數字不僅是全台灣16,111美元的3倍，在亞洲中也僅次於東京，比香港、新加坡、首爾等名城還要高上不少。而台北市2009年的GDP總量更占到了台灣的近1/3。

　　並且，這還是一座接受度與開放性都相當高的城市。先不說在世界主要城市中名列前茅的上網率等指標，其本就引領華人區的流行風潮，曾經風靡的葡式蛋塔、HELLO KITTY娃娃、甜甜圈等熱潮也都是先從這裡興起，再逐漸蔓延到中國大陸等地，更不用說那眾多知名的台灣音樂人與各式流行品牌了。

　　只是，面對全球變暖、海平面上升的大潮，生長在台灣島上又置身於盆地之中的台北市難免陷入了「極易進水」的尷尬境地，在這風情中帶上了些許憂色。

　　這憂慮對於台北來說可以稱得上迫在眉睫，台灣知名媒體人、政治人物、以及帶狀節目知名主持人與名嘴的陳文茜近日表示：「海平面只要上升1公尺，除台中因相隔大肚山外，20年後台灣誰也逃不掉，五大城市四大都將大半沉入海中。屆時台北的士林將是一片沼澤，回到康熙時代的地圖，台北故事館與美術館，下了臺階都將以渡輪船行『中山水道』，而不是中山北路。」

　　她還在自己監製的台灣首部氣候變遷紀錄片《±2℃》中模擬出了一幅假如全球氣候持續變暖，海平面最終上升6公尺，全台灣都將沉沒的慘痛景象：海水將慢慢地從台灣沿海淹向內陸，大浪沖打至台北的標誌性建築101大樓【注】，濺起漫天浪花。

　　這些推斷都來自於IPCC對全球海平面上升速度的推估。正是IPCC在其研究報告中指出，到本世紀末，台北盆地以及彰化、雲林、嘉義、宜蘭等地的沿海平原，確實有可能變成水鄉澤國。

　　利用電腦模擬模擬，IPCC的科學家預測，本世紀末海平面可能上升6到35公尺。到那時，水將從淡水河直接灌進海拔不到10公尺、20萬年前本就是個古大湖的台北盆地，而台北市內不論是億萬豪宅或是價值百億的商業大樓，都將泡在新「台北湖」裡。

　　此外，專家對於未來數10年內強震爆發區的預測同樣令台北市揪心。美國加州理工學院的席葉博士認為：由於位於桃園與台北之間的地層活動相當頻繁，將來有可能導致台北盆地的地層突然下沉1公尺到3公尺，若是發生以上地層移動的狀況，台北有可能產生規模7級到7.5級的強烈地震。一旦地震與海平面上升同期而至，台北的部分地區更有可能提前化身湖泊。

　　其實早在距今300多年前的西元1694年（康熙三十三年）時，這裡就曾發生過大地震引發海水倒灌，導致台北市大半被淹的先例。而當時台北盆地中那一大部分被淹成湖泊的土地更有了康熙台北湖之名，湖水深達5公尺。直到約50後，這裡的湖水才漸漸退去，恢復為河流蜿蜒的陸

【注】101大樓：完工於2003年10月17日的101大樓，位於台北市信義區，509公尺的高度曾為世界最高的摩天大樓。直到2010年高達828公尺的杜拜塔建成，101大樓才退居第二。最初，這棟大樓是為了配合政府的「亞太營運中心」政策而籌建的金融服務設施，而後轉變為綜合性的商業建築。

地。在電線杆鐵塔下的地層，當地農民還常發現一些蚌殼化石等以前湖泊的遺跡。

對於數百年前的台北來說，從陸地變成台北湖或許只意味著對於一個小村莊的摧毀，而今天的「台北湖」回歸海洋之憂的背後卻是將近台灣1/3的GDP、1/10的人口和如101大樓在內的眾多台灣經濟與文化象徵。

## 高雄

災難性質：海水淹沒、颱風侵襲、強震傾城
劫難程度：★★★★☆
行政歸屬：中華民國（台灣）
總面積：2,951.8524平方公里
總人口：277萬人（2017年6月）
GDP比重：占台灣GDP約20%以上
平均海拔：8公尺
建城時間：西元1924年

# 再見的三種說法

　　喜愛這座城市，清新的海洋味道、質樸的鄉土氣息和便利的都市生活。只是，不足8公尺的平均海拔與面向大海的港灣位置早已註定了它暗藏悲劇的命運。知名媒體人陳文茜在其關於海平面上升的文章中所說：「海平面只要上升1公尺，台灣五大城市四大都將大半沉入海中」，而高雄，正是將沉入海中的城市之一。

高雄 Kaohsiung

這個位於台灣西南端、生來倚山臨海的高雄市，自然條件其實較台灣第一城市的台北還要好上幾分。憑藉島上低窪的沿海地形，高雄市區幾乎全為平原，僅有幾個海拔不過百公尺的小山丘，而扼守台灣海峽南口的地理位置更讓其成為了台灣南部的海路大門。

在得天獨厚的地勢眷顧下，高雄市不但是台灣第一大國際商港，一度還不負厚望地躋身世界貨運量第三。高雄市的經濟也是因港口而興旺發達的，這裡的工廠布局大多依傍在高雄港左右，因為原料幾乎都從海上運入。而現今的高雄更是台灣最大的工業城，是台灣鋼鐵、石化、造船等重工業的主要基地。2007年，高雄市的GDP就已達到766.43億美元（合人民幣5,231.57億元），僅次於台北，占到台灣GDP總量的19.26％。

高雄最大特色或許就在於它的「鄉土味」。這座城市與台北不同，如果台北是一個渾身透著時髦的年輕男性，高雄就更像一個來自台灣南部的鄉親，熱情豪爽。它沒有濱海城市通常的擁擠與狹窄，這裡不僅大馬路動輒10車道、12車道，還在高樓之外擁有更多的空地。駕車前行，道路的天際線都是清爽的。

可是，全球變暖、海平面上升的資訊卻給高雄狠狠地敲了一記警鐘。平均海拔不足8公尺的高雄，與台北如出一轍，在IPCC對於世紀末海平面或將上升6～35公尺的預測面前脆弱不堪。

事實上，正如陳文茜在其關於海平面上升的文章中所說的：「海平面只要上升1公尺，台灣五大城市四大都將大半沉入海中」。而高雄，正是將沉入海中的城市之一。可以想像的是，如果台北被湧入的海水灌成了「台北湖」，本就毗鄰著大海的高雄顯然也難逃被淹之災。就這平緩的地勢，這裡最後或許會被滅頂到只剩下原叫做「壽山」的「壽山島」……。

更何況，高雄現在就面臨著嚴重的颱風與地震威脅。2009年倡狂肆虐的莫拉克颱風、2010年堪比2顆原子彈威力的高雄地震，無一不讓這個極適合生活的城市深感惴惴不安。高雄沉沒？這些令人心情愉悅的小吃、寬廣的道路與海景消失？或許比台北來得更早。

# 日 本

## 東京

災難性質 ：海水淹沒、強震、颱風侵襲
劫難程度 ：★★★★★
行政歸屬 ：日本的首都
總 面 積 ：2,187.66平方公里
總 人 口 ：1,361萬（2017年6月）
GDP比重 ：全國的37%
平均海拔 ：5.7公尺
建城時間 ：西元553年

# 第一都市的夢魘

　　氣候變暖，日本也無法倖免，據IPCC第四次評估報告指出，若海平面上升1公尺，那麼在東京、大阪和其他沿海地區的近2,400平方公里範圍和大約410萬人將會遭受洪水災害。

東京 Tokyo

　　提到東京，我們不得不說這樣一個詞——「大都市」，組成東京的每一個元素都可以讓它名副其實。

　　早在500多年前，東京還是一個人口稀少的小漁鎮，當時的名字還叫江戶。1457年，一位名叫太田道灌的武將在這裡構築了江戶城。此後，這裡便發展成日本關東地區的商業中心。1603年，日本建立了中央集權的德川幕府，來自日本各地的人聚集此處，江戶城快速發展成為全國的政治中心。那時，東京的人口就已經超過130萬。1868年，日本明治維新後，天皇把京都遷居至此，改江戶為東京，作為首都至今。1943年，日本政府頒布法令，將東京市改為東京都，從而促進了東京大都會的形成。

　　東京位於日本列島的中心、關東平原的南部；其東南濱臨東京灣，與太平洋相連。總面積約為2,162平方公里，占日本國土的0.6％，共涵蓋了23個特別區、26個市、5個町和8個村。

　　由於高度的城市化，東京吸引了日本總人口的1/10，大約居住了1,301萬人，人口密度達到每平方公里約6,000人，是日本人口最稠密的地方。在東京的中心輻射下，周邊城區交織擴大，首都圈總人口甚至高達3,375萬人，占全國總人口的60％，使得其發展為全球最大的都市區。

　　東京也絕對稱得上是日本的經濟中心，僅2,000多平方公里的面積所創造的GDP就占到了日本全國的1/3。2007年，全球四大會計事務所之一的資誠評估的全球城市GDP中，東京穩居第一，「作為全球經濟實力第一的城市，其地位將至少保持到2020年。」那就是「東京的GDP成長力及規模堪稱富可敵國」。

　　現在的東京大概是日本最光彩奪目的地方，可歷史上，它卻是多災多難，曾經經歷過關東大地震、頻繁的颱風、海嘯、江戶之花（火災）、以及瘟疫。

　　而今，東京灣也因全球變暖而海平面上升，日本政府中央防災會議委託國交省進行研究預測，結果是當最高潮位引發「最糟情況」時，千葉

縣、東京都和神奈川縣共將有約27,630公頃土地遭受水淹。

「最糟情況」即發生1至3公尺的海潮，根據估算，屆時將有約3.2億立方公尺的海水越過防波堤湧入沿海區域。千葉縣的受災面積最大，從浦安市到袖浦市將有約1.4萬公頃地區進水。

從東京都的江東區到大田區，大部分區域的海拔高度僅為0公尺。這些地區將有約5,500公頃土地進水，江東區區政府附近的水深將達到2公尺以上。神奈川縣的橫濱港、川崎和橫須賀各港口附近，預計也會出現大面積進水。

而且，由於日本島國位於環太平洋地震帶【注】，其危險的地理位置也讓東京背負了可以預見的災難。

海野德仁是日本東北大學的一名地震學家，同時也是日本政府地震研究委員會12人之一。他表示，據目前的研究表明，隨著時間的推移，日本東京發生7級地震的風險也在增加：今後10年東京發生7級地震的機率是30％；今後30年東京發生7級地震的機率是70％；今後50年東京7級地震的機率則達到90％。

東京，一個全球性的時尚動感之都，如果遭遇了這樣的災難，是何其不幸！

---

【注】　環太平洋地震帶：一個圍繞太平洋經常發生地震和火山爆發的地區，全長4萬多公里，呈馬蹄形。該地震帶涉及南美洲的奧斯特島、台灣、日本列島、菲律賓群島和印度尼西亞群島等地區，集中了地球上90％的地震以及81％最強烈的地震。阿拉斯加州則處於美洲板塊和太平洋板塊的交界處，多地震。

# 新加坡

## 新加坡

災難性質：海水淹沒
劫難程度：★★★☆☆
行政歸屬：新加坡
總 面 積：716.1平方公里
總 人 口：560.7萬（2016年）
人均GDP ：55,509美元
平均海拔：15公尺
建城時間：西元1150年

# 獅城遇險

　　新加坡，這座「花園城市」，一直以來都是最適宜居住的理想地。如今，在全球暖化的背景下，新加坡國立大學研究員譚佩詩診斷出新加坡面臨七大威脅：洪澇災害加重、沿海水土流失、水資源規劃困難……

新加坡 Singapore

　　2010年，由國際人力資源機構ECA International針對外籍人士居住條件而進行的最新城市排名中，新加坡再度蟬聯亞洲人最理想的居住城市，連續11年高踞榜首。

　　一直以來，新加坡的城市建設都為人所褒獎。行走在城市當中，隨處可見繁茂的綠地，街頭巷尾也布滿了各種花卉，藤蔓、花朵裝點著粗糙的建築物，使得城市的線條都變得婀娜曼妙。

　　除了「花園城市」這個品牌外，新加坡還為人所樂道的就是「亞洲四小龍」的經濟地位，這個地位與其地理優勢不無關聯。

　　新加坡位於馬來半島最南端，地處太平洋與印度洋航運要道麻六甲海峽入口、東南亞地區的中心，堪稱「亞洲的十字路口」。可以說，新加坡是一個因港而興的國家，每年貨櫃的輸送量位居世界第二位，亞洲空運貨物的16％以及亞洲航運的25％，也都以新加坡為轉運中心。

　　同時，這樣的地緣優勢也使得新加坡能夠抓住歷史契機，積極拓展國際銀行業，並一躍成為與香港並列的亞洲金融中心。

　　但是現在，全球變暖之下，平均海拔15公尺，大多數商業區、居住區以及機場和港口設施大多海拔不足2公尺的新加坡也無法獨善其身了。其國立大學研究員譚佩詩認為如果全球平均氣溫繼續升高2.8℃、海平面升高21到48公分，新加坡將面臨洪澇災害加重、沿海水土流失、水資源規劃困難、城市熱島效應加劇、蚊蟲傳播疾病暴發、能源需求增大，以及生物多樣性受到破壞七大影響。

　　而新加坡前總理、內閣資政李光耀更是擔憂，對四面環海的新加坡來說，氣候變暖的結構將十分嚴重。「新加坡太脆弱了，海水上升1公尺，我們還可以建堤壩，如果上升3至5公尺，我們將怎麼辦呢？半個新加坡都將消失，而且是值錢的濱海地段！」

# 印　度

## 失落的混血之城

　　印度地質海洋研究部門的科學家拉吉夫·
尼加姆警告，如果全球變暖繼續，那麼到
2020年，全球海平面可能會提高0.5公尺至
1公尺左右，諸如孟買等城市的低窪地區將
完全處於海平面之下。

**孟買**

災難性質　：海水淹沒、風暴
劫難程度　：★★★★★
行政歸屬　：印度馬哈拉施特拉邦的首府
總　面　積：603.4平方公里
總　人　口：2,104萬（2015年）
GDP比重　：8.3%（766億/9,280億）
平均海拔　：10～15公尺
建城時間　：西元前250年

孟買 Mumbai

　　這裡有擁擠殘破的棚戶區也有每平方公尺9,163美元全球昂貴排名第十的豪宅，這裡有1,000萬貧民窟裡的窮人也有4個高居世界十大富豪的上流權貴，這裡有根深蒂固的印度文明也有先進的西方工業文明。在這片土地上，迷人與迷茫，古老與現代，自由與固執交織並存，這裡就是兩極碰撞下又相容並蓄的孟買，東方的「混血美人」。

　　孟買，位於印度的西海岸，面臨阿拉伯海，它並非在大陸上，而是離岸16公里，由數島組成，並通過橋梁、堤岸與大陸相連。孟買的整個面積約為603.4平方公里，大部分地方的平均海拔僅為10到15公尺，最高點達450公尺。

　　孟買的人口非常多，高達1,400萬，並且平均人口增長率達到2.2％，預計到2015年，孟買大都會區的人口排名將上升到世界第四位。

　　由於依山面海的天然優勢，孟買對於印度而言既是深水良港，又是對外經濟的依託平臺。港口承擔印度超過一半的客運量，貨物輸送量也相當大，占印度對外貿易的40％。海港造就了孟買，使這裡成為人流如織的物流樞紐和商貿中心，被人們稱為印度的「西大門」。

　　上世紀80年代以前，孟買還是以紡織業為支柱產業，並成功躍居世界最大的紡織品出口港，由此獲「棉花港」之稱。之後，孟買的經濟開始拓展，輻射更多新興產業。印度第一大財團塔塔公司創始人賈姆謝特吉·塔塔就發跡於此，現在財團下共有96家公司，遍及資訊技術、汽車、電力、銀行等17個領域。這位傳奇的富人曾立志把印度建設成為「世界上第一流的工業園」，而其帝國形成的歷史也正是印度工業發展變遷的歷史。

　　對於印度而言，孟買就是它的「錢袋」：貢獻了全印度10％的工人工作、40％的所得稅、60％的關稅、20％的中央徵收特許權稅和400億印度盧比的社團稅，可謂名副其實的商業首都。同時，這片土地上的文化氣氛也十分濃厚，著名的「寶萊塢」就坐落於此，每年產出電影的數量位居世界第一，對於這種舶來的藝術，印度人用百年時間將其完美地本土化、自成

一派。而人均月收入僅1,000盧比左右的城市，市民卻願意花上60到80盧比買上一張電影票，每月去電影院兩次以上觀看寶萊塢出產的電影。

但是近來，這個城市的出路卻多數與「全球變暖」聯繫在了一起，作為沿海城市之一的它似乎也不能倖免。來自印度地質海洋研究部門的科學家拉吉夫‧尼加姆表示「如果全球變暖不能得到遏制，那麼到2020年前，全球海平面可能會提高0.5公尺到1公尺左右，諸如孟買等城市的低窪地區將完全處於海平面之下」。

印度國家海洋研究所以及印度熱帶氣候研究所在過去10多年的監測資料顯示，孟買市區每年海平面平均上升0.8公釐左右，而整個孟買市區僅高出海平面幾十公尺，而且最繁華同時也是房價最貴的地方都集中在南部伸向海中的半島一帶，一旦全球變暖速度加快，整個孟買的房地產市場、金融服務等都將遭受嚴重打擊。

同時，尼加姆還預測，全球變暖可能將導致海岸帶地區頻繁出現颶風，並影響到每年的雨季，這些都會對印度產生影響。

一直以來，中國和印度的「龍象之爭」，都落在了孟買與上海兩城的比較上，而今，兩者同樣面臨了自然的危機，能否安然渡過，還看未雨綢繆之舉……。

## 東方商城之王的沉浮

與全球海平面年平均升高2公釐的速度相比，孟加拉灣局部海域海平面每年升高3.14公釐，印度東部地勢低窪地區（加爾各答部分地區）將受到嚴重威脅。

### 加爾各答

災難性質 ：海水淹沒、洪水肆虐
劫難程度 ：★★★★☆
行政歸屬 ：印度西孟加拉邦的首府
總 面 積 ：1,886.67平方公里
總 人 口 ：1,438萬（2015年）
GDP比重 ：2.5%
平均海拔 ：5.25公尺
建城時間 ：西元1690年

加爾各答 Kolkata

　　來到印度的人們，傳統上是循著梵音追蹤菩提的足跡，作為印度最大的城市也是第一大港的加爾各答卻常常被忽視。

　　加爾各答地處恆河流域的最後出海口，濱臨孟加拉灣，呈南北向伸展。北區是加爾各答的老城區，沉澱了令人回味的往事；南區則是菁英分子聚集地；中區是密集的中央商務區。整個城市的海拔高度只介於1.5公尺到9公尺間，是全球海拔最低的城市之一。

　　加爾各答市的初始面積很小，只有185平方公里，但隨著大都會區的不斷擴張，到2006年時，加爾各答的面積已經高達1,886平方公里。現在，約有1,438萬人居住在這個都會區內，位居世界城市人口排行的第七名。

　　加爾各答的海港優勢也使得它成為印度的商業和金融中心。該城擁有世界上最大的黃麻加工工業區，也生產遍及紡織、鋼鐵、軍工、機械、車輛、電機、造紙、皮革、印刷、陶瓷等諸多產業的產品，整個恆河流域盛產的黃麻、茶葉和礦產幾乎都是從這裡出口，同時還擔任了內陸國家尼泊爾、不丹和錫金的出海口。貨物輸送量約占其全國的1/3，有人形容這裡為「東方最大的商城之一」。

　　這個400年前還是個小漁村的地方卻書寫了一段印度傳奇的歷史。300年間，它一直作為英國「東印度公司」的首都，曾經輝煌不可一世，名曰大英帝國的「第二個倫敦」。雖然在之後動亂的政局中逐漸沒落，但還是保留了那時的風韻和氣息。直到現在，各種歐式的建築仍舊星羅密布，哥德式、巴洛克式、羅馬式、東方式等，不少都被宣佈為「遺產建築」，儼然一座「宮殿之城」。

　　就在該地，文學與藝術也得到了最大程度的激發，大文豪泰戈爾就生於斯、長於斯。對於藝術家的吸引培養、濃郁的文化氛圍也使得它成為「狂野創造力之城」。

　　對於這座浮沉之都而言，剛剛恢復平靜的局面也被全球暖化、上升的海水打破了。2009年，印度國家沿海區域管理局的東部代表潘納博斯·桑

亞爾與賈達普大學海洋學系成員在加爾各答市發現大量自然生長的紅樹林。這個現象讓科學家開始擔心，海平面上升已引起海水倒灌。桑亞爾認為，如果這種情況發生，那麼，它將會使加爾各答地下水的水質鹹化，使附近鄉村地帶耕地變得貧瘠。

同時，也有科學家表示，與全球海平面年平均升高2公釐的速度相比，孟加拉灣局部海域海平面每年升高3.14公釐，印度東部地勢低窪地區（加爾各答部分地區）將受到嚴重威脅。

如今，在距離加爾各答僅150公里的一座海邊小島就已經成了第一批犧牲者，島上原本有140個村莊，其中50個村莊被2009年6月的一次洪水完全毀掉，160人因此喪生，不少人被迫背井離鄉。

海水慢慢地上升，危險也一步步逼近，這座歷史之城能否逃此一劫？

# 泰　國

## 曼谷

災難性質　：海水淹沒、地質下陷
劫難程度　：★★★★★
行政歸屬　：泰國的首都
總 面 積　：1,568平方公里
總 人 口　：928萬（2016年）
GDP比重　：44%（104億/236億）
平均海拔　：小於2公尺
建城時間　：西元1767年

## 千佛之國的陰霾

　　儘管佛光普照，但曼谷這座「千佛之國」還是布滿陰霾。泰國國家災害預警中心主管史密斯表示，由於全球暖化造成海平面上升，再加上以每年10公分的速度地層下陷，泰國首都曼谷將在20年內淹沒在水中。

曼谷 Bangkok

曼谷，是個特別的城市，作為一國的首都，東南亞第二大城市，卻青煙嫋嫋、經聲悠悠、佛寺林立。這座城市擁有世界上數量最多的寺廟，有400多座，其中，大皇宮金碧輝煌、玉佛寺流光溢彩、臥佛寺莊嚴肅穆、金佛寺充滿神奇傳說。漫步街頭，還會不時與兩袖清風的僧侶們擦身而過。其實，曼谷的前身只是一個小漁村，從1767年起，伴隨著歷代王國定都於此，大興宮殿、營造寺廟，城內的廟宇才逐漸增多。

由於曼谷地勢低窪、河道縱橫，因而可見河上舟楫如梭，貨運頻繁。著名的賽寺院水上市集，便可以聆聽最地道的曼谷市井之音。曼谷也因蜿蜒其中的湄南河而變得靈動，就像塞納河之於巴黎、泰晤士河之於倫敦一樣，這條河流孕育了曼谷人的浪漫情愫與隨緣個性。

同時，湄南河還帶給了曼谷港口的功能。曼谷港，就是泰國和世界著名的稻米輸出港之一。

由於泰國是世界久負盛名的有色珠寶加工貿易中心之一，因此曼谷也擔當了泰國貴重金屬和寶石的交易中心。一城坐擁全國50％以上的工業企業。在曼谷人口雖只有900多萬，但人均GDP卻逾14,000美元，經濟占全泰國經濟總量的44％，現在的曼谷已經成為東南亞的重要經濟支柱。

但是，現在的曼谷卻無法繼續慢節奏的修身養性，一個迫在眉睫的問題橫亙在面前。亞洲災難預防中心主席必席指出，根據氣象專家所做的模型，全球變暖，如果海水上漲50公分，曼谷將有55％的面積被淹沒，海水上漲100公分，則淹沒的面積要高達72％。

當然，除了這個外因，急增的人口和工廠每年從蓄水層抽取250萬噸地下水也讓這一情況雪上加霜。目前，曼谷正以每年10公分的速度下陷，2020年後，恐怕許多低窪地區都會面臨大淹水的災情，預估屆時將影響兩千多萬人。

泰國國家災難預警中心主管史密斯表示，如果束手待斃，泰國可能淹沒在水面下最少50～100公分，而為了防患於未然，曼谷市需要及早興建大

型堤壩，以免受到海平面上升以及越來越強烈的風暴影響。如果泰國的中心都沉在海底，那麼，一切都會停頓。

# 越　南

## 胡志明市

災難性質　：海水淹沒
劫難程度　：★★★☆☆
行政歸屬　：越南直轄市
總　面　積　：2,095平方公里
總　人　口　：842.6萬（2016年）
GDP比重　：19%（170億/889.2億）
平均海拔　：6公尺
建城時間　：西元1623年

# 難以續寫的西貢故事

　　它曾經叫西貢，一聽就是一個有故事的地兒；現在，它叫胡志明市，故事還在續寫。只是故事由人轉為「天」，越南自然資源與環境部表示，若全球變暖繼續，胡志明市將有10%的面積成為汪洋。

胡志明市 Hochiminh City

「早安，西貢」，我沿用瑪格麗特‧杜拉斯的問候語向你問好。至今，我依舊沒有來過，只能通過那光影瞬間和零散文字走近你。

西貢是胡志明市的前身，早在17世紀時，人們就這樣稱呼它，直至1975年易名。在此之前，西貢先是法屬殖民地而後又成為美軍基地，西貢的故事幾乎是由穿城而過混黃的湄公河、悠悠蕩蕩漂泊在河上的木舟、溢滿咖啡香的老式建築、碰撞交融下的法蘭西和東方文明、還有悲愴的戰亂與光復的榮光所組成的。整個城市如同一張發黃的老照片，散發著歷史的陳香。

雖然幾經變遷，但是胡志明市仍舊憑藉著它的韌性繼續向前。現在的它不僅保留了那份雞尾酒般的韻味，而且還成為全國經濟發展的「火車頭」。胡志明市南部的運河和水稻區域是越南稻米的主要產地、每年從這裡出口的大米約占越南大米總出口的1/4，也是東南亞最大的米市之一；其工業產值也占據了全國工業總產值的30％以上，是越南最大的工業基地；同時，還聚集了30萬家企業。

但最近，其重要的出口農產品大米卻被《時代》雜誌評為全球變暖世界十大受影響「土產」之一，因為海平面上升，地勢低窪的胡志明市以及更多糧食產地都不同程度地被淹沒。除此以外，越南自然資源與環境部還警告，因為越南海岸線長、部分陸地海拔低，最易受氣候影響，到2100年，湄公河三角洲20％的面積將被海水覆蓋，胡志明市將有10％的面積成為汪洋。

對於這樣的地方，我不願跟你告別……。

# 孟加拉

## 達卡

災難性質：海水淹沒、風暴加劇
劫難程度：★★★★★
行政歸屬：孟加拉的首都
總 面 積：360平方公里
總 人 口：800萬（2016年）
平均海拔：6～7.5公尺
建城時間：西元1608年

# 騎不進未來的三輪車

　　孟加拉國總理告訴世界，氣候變化使得
孟加拉國成為全球最嚴重的受害者之一，如
果海平面上升1公尺，該國18％的土地被淹
沒，直接影響到11％的人口。而在這之前，
該國的首都達卡將首先遭遇不幸。

達卡 Dhaka

　　達卡是孟加拉的首都，顯然它並不如其他亞洲國家的首都那般聲名顯赫。從這裡流出的消息多是貧富差距、政局動亂、自然災害，遠視它，好似覆蓋了厚厚的一層灰。

　　但當你置身處地來到這個城市，或許你會發現不一樣的一面。

　　達卡，位於恆河三角洲布里甘加河的北岸，氣候如中國昆明四季如春。河兩岸坐落著許多古老的歷史建築——皇宮、寺廟、古堡。而該城更是被美譽為「清真寺之城」，城中大大小小的清真寺達800多座，無處不見高聳挺拔的尖塔、穹窿式的圓屋頂、拱形門窗的清真寺。每當一種信仰如此堅毅地存在時，你都會由衷地折服於那股頑強的力量。

　　除了信仰，該城特有的「三輪車」也彰顯著色彩鮮豔的生命張力。據保守估計，達卡擁有將近70萬輛三輪車，因為這甚至是整個城市的主要交通工具。

　　車夫們會精心打造自己的愛車，在著名的三輪車街上去做車的護理與美容，各種「素顏」的車子從這裡出來一定被勾勒的色彩繽紛。坐在車裡，可以從容地欣賞這個城市的每一寸土地。誠如三島由紀夫在《印度書簡》裡所言形容的：連貧窮都是鮮豔多彩的。

　　現在，這些坦然面對命運的孟加拉人遇到了歷史難題。全球變暖，作為三角洲城市的達卡承受了海平面上升、風暴加劇的自然災害威脅。在過去10年間，孟加拉灣的海平面上升速度十分驚人——在西元2000年之前，該海域海水每年的上漲速度約為3公釐，但到了近10年，這一數字劇增到了5公釐。IPCC稱，不斷升高的海平面會在孟加拉毀滅的農業耕地比在世界上任何其他國家都要多。到2050年，該國大米的產量會降低10％，小麥的產量降低30％。到本世紀末，孟加拉超過1/4的國土面積會被水淹沒。那時，光是在孟加拉一個國家就會大約有1,500萬人口需要遷移。這相當於紐約、洛杉磯和芝加哥人口的總和，所有災難中地勢低窪的達卡將首當其衝。或許對於達卡而言，那時的它蒙上的灰色才是悲愴的。

# 馬爾地夫

## 馬列

災難性質：海水淹沒、海嘯
劫難程度：★★★★★
行政歸屬：馬爾地夫首都
總 面 積：5.8平方公里
總 人 口：15.39萬（2014年）
平均海拔：1.2公尺
建城時間：約西元1513年

## 一座沒有腳的小島

　　很多人形容馬爾地夫為「印度洋上的明珠」，而今它的璀璨卻遭受著賜予它榮耀的海水的侵蝕。首都馬列，2004年曾於印度洋海嘯中一度被淹沒總面積的2/3，而科學家根據IPCC第四次評估報告推算，本世紀末海水將淹沒馬爾地夫總共1200個島嶼。

馬列 Male

　　世界上有一個地方最是「面朝大海、春暖花開」，它就是馬爾地夫。馬爾地夫不同於一般的島國，它是由1,196個蒼翠島嶼組成的，陸地面積僅有298平方公里，領海面積卻是其300倍，整個國家的平均海拔只有0.91公尺多一點，是世界上海拔最低的國家。可以說，島上的居民只要推開窗戶就是一片美麗的印度洋。馬爾地夫「人間天堂」的美稱也正是得益於這大自然所創造的如藍絲絨般的海水與如明珠般鑲嵌在海上的島嶼。

　　首都馬列正是坐落在群島中部的馬列島上，面積約1.5平方公里。1967年，馬爾地夫宣佈馬列為自由港，因此，馬列還是印度洋上重要的軍事及交通要地，是紅海、波斯灣至太平洋的重要停泊港。島上常年一片熱帶風光、椰影婆娑、水清沙白，空氣中滲透著陽光與海水混合之味，人們在島上幾乎是過著「有機」的田園式生活。

　　但是，現在這平靜的局面已悄無聲息地被打破了。

　　首都馬列的濱海大道旁就築起了高高的堤壩預防海水的侵襲，但是，即便如此，2004年印度洋海嘯還是衝破了這層抵禦，而未來面對海水侵襲的形勢更不容樂觀。

　　來自哥本哈根的「馬爾地夫百年倒數計時」，讓包括馬列在內的千島陷入了巨大的沉沒危機中。馬列的平均海拔有1.2公尺，可是，這個國家中80％的島嶼都不足1公尺，根據IPCC第四次評估報告表示，本世紀末，海平面將上升0.18～0.59公尺，每年上升速率達1.8公釐，科學家由此推算，預計84年後海水將要淹沒馬爾地夫的1,200個島嶼。

　　現在，馬爾地夫政府已經斥資開始挽救它們的「垂危」島嶼，沿著首都馬列西北方向而建的人工島嶼Hulhumalé已於2004年正式啟用，它建在海拔高度3公尺以上，以此確保能夠維持一個世紀的海平面上升。除了建造人工島嶼，馬爾地夫政府也在著手改造之前未被開發的島嶼，例如政府把Kandholhudhoo島受到海嘯威脅的人群遷徙到這些島上了。

　　馬列，只是馬爾地夫的千分之一，現在，它們將如何去面對意料之外的危機？

# 印　尼

## 雅加達

災難性質：海水淹沒、洪水侵害、地面沉陷
劫難程度：★★★★☆
行政歸屬：印尼的首都
總　面　積：661.5平方公里
總　人　口：996.9萬（2017年4月）
GDP比重：19.7 %（980億/4,968億）
平均海拔：8公尺
建城時間：西元1527年

## 被遺忘的母親城

　　印尼萬隆科技學院氣象學家蘇桑迪估計，到2080年為止，海平面每年將平均上升0.5公分，而剛好處於海平面上的雅加達的沉沒速度，卻是每年0.78公分。照此計算，即使氣候在不發生突變的情況下，雅加達也將在600年後沉沒。

雅加達 Jakarta

從14世紀開始，雅加達就一直不斷地更名，「椰城」、「凱旋城」、「巴達維亞」，但是最親切的稱呼卻是「母親城」。

稱其「母親城」可能是因為印尼是個「千島之國」，一個個島嶼、一塊塊陸地，自東而西，如明珠般鑲嵌在印度洋上，而雅加達就是這些散落明珠的中心——印尼的首都。

雅加達位於爪哇島西部北岸，濱臨雅加達灣，也是一座世界聞名的海港城市。大雅加達特區由東南西北雅加達市組成，面積為661.5平方公里。北部的老區臨近海灣，可以欣賞到迤邐的風光、歐洲古典的建築；南部新區則是另一派現代感，聚集著商業的黃金三角地帶。

雅加達市大約居住有996萬人，算是東南亞最大的城市。同時，早在14世紀它就開始擔負港口城市的功能，一直以來也是亞洲南部與大洋洲的航運中心，輸出天然橡膠、咖啡、奎寧、茶葉等。市內主要工業涵蓋了食品、機械、造船和汽車等。

然而現在，「母親城」的命運卻面臨著一個重大的轉捩點——印尼總統蘇西洛兩次提出「遷都」構想。因為這座500年的城市已經精疲力竭，內憂外患。

由於雅加達許多區域海拔接近或低於海平面，再加上排水系統並不完善，有時少量降雨也會使這座城市遭到洪水侵害。加諸近年來雅加達的水患越發嚴重，2007年2月的一場洪水就使得雅加達市淪為一片水鄉澤國，34萬人流離失所。

而據世界銀行的研究報告指出，到2050年，上升的海水將有可能向印尼內陸挺進5公里，一直延伸到印尼總統府，甚至完全淹沒雅加達北部的歷史名城。同時，印尼萬隆科技學院氣象學家蘇桑迪還指出，雅加達由於城市建設、過度抽取地下水，每年還在以0.78公分的速度在下沉。

所有的併發症都使得這座「母親城」不堪重負，也許在某一場風暴中，她將結束她的歷史重任……

# 菲律賓

## 馬尼拉

災難性質：海水淹沒、風暴威脅
劫難程度：★★★★☆
行政歸屬：菲律賓的首都
總 面 積：638.55平方公里
總 人 口：1,287萬（2015年）
GDP比重：30%（500億/1,687億）
平均海拔：15公尺
建城時間：西元1571年

## 50年倒數計時

　　馬尼拉，這座新舊交錯的城市渲染了西班牙、美國甚至日本的痕跡，而今，全球氣候變遷也烙印在它的肌膚之上。WWF（世界自然基金會）報告表示，馬尼拉1,150萬人暴露在風暴威脅、海平面上升、乾旱或洪水導致的水源壓力等影響下。

馬尼拉 Manila

　　馬尼拉，位於菲律賓最大島嶼——呂宋島的西岸，濱臨天然的優良港灣——馬尼拉灣。400多年前，西班牙統治者在馬尼拉灣登陸，便用登陸時在海濱發現的細葉短草，將這片土地命名為「馬尼拉」，意為「馬尼拉草之鄉」。

　　400年間，這個城市幾經變遷，留下了西班牙16世紀的「王城」，王城承載了一段西班牙在此城市停駐的光年，城中布滿苔蘚的教堂也見證了這個國家對天主教的信仰；留下了總統官邸馬拉坎南宮，這座宮殿極盡奢華。這個城市的建築成為活頁的故事書，娓娓道來那些逝去的歷史。

　　而今，隨著城市的發展，在馬尼拉灣岸邊一片填海而造的土地上新興建築群拔地而起，不同以往的是，這些建築融合了歐洲和東南亞的建築風格，更顯這座城市相容並蓄的現代特質，也反映了它逐漸發展為亞洲的現代化大都市。

　　同時，馬尼拉在海港的依託下也成為菲律賓的貿易與進出口中心、經濟中心，全國出口貨物的1/3和進口貨物的4/5在這裡，也集中了全國半數以上的工業企業，產值占全國的60%。

　　就在馬尼拉試圖從殘破的歷史中走向新時代的輝煌時，它也面臨著其他港口城市所面臨的共同難題，即海平面上升帶來的連鎖反應。

　　馬尼拉30年前通過填海造地建成的碼頭，已經下降了半公尺多。科學監測資料顯示，最近10年來，馬尼拉海平面上升的最高峰值可以達到每年1.6公分，幾乎接近全球海平面上升速率的10倍。而專家擔憂，馬尼拉恐在50年後淪為水城。世界自然基金會WWF在《巨型城市的巨大壓力》（Mega-Stress for Mega-Cities）研究報告中也表明，全球氣候變暖使得馬尼拉1,150萬人暴露在風暴威脅、海平面上升、乾旱或洪水導致的水源壓力等影響下。

　　全球變暖的威脅讓樂天的馬尼拉人也感到了時刻逼近的災難……

# 柬埔寨

## 金邊

災難性質：海水淹沒
劫難程度：★★★☆
行政歸屬：柬埔寨的首都
總 面 積：375平方公里
總 人 口：146萬（2016年）
平均海拔：平原一般低於100公尺

# 走不出的蒼涼

　　吳哥窟祭奠了柬埔寨失落的文明與衰亡的
王朝，而首都金邊卻正在見證本已傷痕累累
的柬埔寨還將遭遇的氣候危機。從斑駁的歷
史中走出，前方又是何處？

金邊 Phnom Penh

　　金邊這個城市與佛有緣。600年前，它因佛得名。當時，金邊還是一個小村莊，一位虔誠的佛教徒在村裡的河流中發現順流而下的神像，他將其作為天賜之物供奉並請來僧侶入住寺廟，由此，小村莊開始香火旺盛。而後，高棉王國兩度定都金邊，建築王宮、建造佛寺、開挖運河，使得金邊的發展初具規模。此後，歷史碾過了長長的動盪、貧窮而苦難的戰亂歲月，直至1997年，金邊才緩過神來尋找昔日的光彩，幸好，讓其之所以為「佛教之都」的廟宇得以在戰火中倖存。

　　現在，披著青衣袈裟的金邊還承擔起柬埔寨的經濟重任。由於金邊位於湄公河、巴薩河、東薩河這三條河的交界處，為一「四面之城」，它成了一個內河港口，把在金邊生產的工業產品或進口物資運往全國各地，同時國內出口貨物也經此輸往世界各地。

　　作為柬埔寨的第一大城，金邊對於本就貧窮落後的國家而言可謂重中之重。但是，氣候的風雲變遷再一次將金邊拖到了危難的邊緣，東南亞經濟和環境專案最新發表的一份研究報告說，幾乎柬埔寨的全部地區都被列入東南亞應對氣候變化最脆弱的地區。同時，因為發展落後、人力物力有限，金邊對氣候的應對能力也較差，世界自然基金會因此也將其評定為亞洲11個受氣候影響較嚴重城市的第四名。

　　對於這個飽經滄桑的城市而言，災難何時才能窮盡呢？

# 緬　甸

## 仰光

災難性質：海平面上升、熱帶風暴
劫難程度：★★★★☆
行政歸屬：2005年底前原為緬甸首都
總　面　積：598.8平方公里
總　人　口：736萬（2015年）
GDP比重：34%
平均海拔：5.5公尺
建城時間：西元1755年

# 和平之城難當避風港

　　仰光，又稱「和平城」，這是一個美好的寄寓。但是，這座城市的未來撲朔迷離，2008年「納吉斯」橫掃而過，代價慘重，聯合國國際減災戰略官員大野右一卻表示：「未來再發生另一次這樣的熱帶風暴也不出奇。」

仰光 yangon

　　仰光，地處緬甸最富饒的伊洛瓦底江入海口附近。城區三面環水，街道綠樹林蔭、鮮花常開，一片美麗的熱帶風光。

　　仰光市自然條件優越、資源豐富，城區附近的伊江三角洲和錫唐河谷一帶土地肥沃，盛產水稻，這裡的稻穀產量占緬甸稻穀總產量的2/3以上。由於位於內河和海運的交點，仰光的航運事業一直是順風順水，緬甸全年進出口貿易80％的貨物都是經由此地，仰光也因此成為緬甸輸送量最大的海港。

　　然而，2008年的一場熱帶風暴卻打破了這裡的安寧。「納吉斯」風暴潮在緬甸人疏忽之下給予他們重重的一擊，包括仰光市在內的五地淪為災區。颱風攜帶海水灌入地勢平坦的伊洛瓦底江三角洲，造成土地鹽鹼化，這一影響將是很多年也無法恢復的。

　　同時，根據IPCC第四次評估報告，在全球氣候變暖背景下，颱風強度增強，到本世紀末，全球強颱風占生成颱風的數量將由20％上升至35％。或如聯合國國際減災戰略官員大野右一所說：「未來再發生一次『納吉斯』似的風暴也不出奇。」這樣一來，仰光市將面臨聯合國報告《2008/2009世界城市狀況：和諧城市》中所提到的：「到2070年，現已受洪水嚴重威脅的城市仰光，將加入到受洪水威脅最嚴重的行列當中。」

# ◆ 結　語 ◆

　　亞洲是一片古老的土地，在這片土地上留存了太多的歷史印記、傳承了太多的精神文明。我們現在所看到的東方之城無不是從歷史中走來，它們一面用厚重的歷史積澱源源不斷地供應變遷所需的養分，一面也通過21世紀的新機遇進行自我更新以保青春活力。不管在什麼時候，亞洲都如古語所言──「東方日出的地方」，只要朝陽越過地平線，亞洲都會精神抖擻地迎接每一天。伴隨全球暖化而來的種種問題，也是新世紀亞洲的最大挑戰之一，堅毅的亞洲人一定會勇敢的迎接它、改變它、戰勝它！

# 第二章 | CHAPTER 2

## 華夏之痛

在今天的中國大陸，沿海城市不僅是富足與現代化的象徵，亦是眾多文明精華之所在。人們始料未及的是，這些歷經了數千年才輾轉發達起來的富庶之地，如今卻面臨著海平面上升的步步緊逼。難道華夏古老的文明又將踏上遷徙的征程？

# 海水威逼下的中國抉擇

　　早在2007年4月，一份名為《環境與城市化》的英國雜誌就發布了一份由英國環境與發展研究所、美國紐約城市大學和哥倫比亞大學的3位科學家共同完成的研究報告。報告中不僅指出像上海這樣的沿海城市會受到水淹威脅，報告作者之一、英國環境與發展研究所的麥克格蘭納罕博士還為沿海經濟格外發達的中國提出了「逃生」之策：

　　「亞洲國家不同於荷蘭這樣的富裕歐洲國家，荷蘭、丹麥等國可通過高投入的沿海工程阻止海平面上升，而亞洲國家則只能通過改變人口走向來阻止危機。從低地地區遷移走人口十分必要，但耗資巨大，因此需要政府做更多努力，如以激勵措施鼓勵人口朝高海拔地區遷移，對人口遷移做長期規劃等。」他口中所說的亞洲，自然也包括中國大陸在內。

　　看來，與天價沿海防禦工程相比，對於人口密集，相對不那麼發達的亞洲和中國大陸來說，預先做好遷徙人口與中心的準備，或許才是最好的選擇。

## 海平面上升「重創」中國

　　先看看上升50公尺的海水將如何大幅改寫中國大陸的東岸線吧……。

　　在中國東北，上漲的海水將從北面順著俄羅斯境內的黑龍江一直侵入到中國最東北端上與俄羅斯交界的邊陲小城撫遠縣。此地將與吉林省內的琿春市一道，成為中國因海平面上升而新增加的兩個入海口；而遼東灣原來的海岸線將被海水淹沒，原本平緩的海灣將深深的凹進遼寧省，瀋陽和大連都不能倖免於海水的洗禮。反倒是近年來因趙本山的演藝集團而名噪一時的鐵嶺市，或許有了躍居為沿海大城市的希望。

京津冀地區（涵蓋北京、天津和河北全境所有城市）的形勢更為嚴峻，因為包括北京、天津和唐山等北方重要城市在內的秦皇島以及河北省的東南部都屬於地勢低窪的平原區，在海平面上升50公尺之後必然沉入海底。囂張的海水還會將原本突出於黃海的山東半島將被它攔腰截斷，生生地隔出兩個大島，而兩島之間低窪區域的城市則全線沉沒，其中甚至包括了名城青島。

繼續往南，將要在海水中消失的是上海和江蘇省的幾乎全部土地，浙江省海岸線退縮較少，但杭嘉湖平原將被淹沒。海水還將沿著原來的長江流域溯流而上，江西的鄱陽湖平原、湖北的江漢平原和湖南的洞庭湖平原這三大產糧區都將被淹沒，變成一個現今無法想像的大湖。而本來處於長江中下游分界處的三峽大壩，離大海的距離將僅餘100公里左右。

到了南部沿海，海平面的上升會讓福建、廣東、廣西三省區的海岸線稍有後退，經濟發達卻地勢低窪的珠三角平原完全沒入海底，香港、深圳等一線都市無一倖免。而海南島等經濟重地的沿海平原區域將全線被淹，剩下的都是原本就不甚發達的山區。

除了以上地區可能面對的消失命運，海水的大舉入侵還可能帶來更多創傷。

僅從海水可能吞噬的陸地來看，本章將詳述的北京、深圳、香港等19個一線城市就已經占據了約12萬平方公里的土地面積，如果完全依據50尺等高線來劃分，僅從示意圖上看來，中國東部就將被海水狠狠地「掏去」大片土地，原本還略微外張的海岸線將深深凹進內陸。

而糧食減產也是未來可能發生的情形之一。在中國大陸分別位於東北、長江流域與珠江三角洲的九大商品糧倉中，江淮地區、太湖平原、江漢平原、鄱陽湖平原和珠江三角洲共六個商品糧倉面臨著被海水淹沒的威脅，僅有深居內地的成都平原、和位於東北的三江平原與松嫩平原能躲過大劫。

在流失土地與糧食不足的憂慮之外，無可避免還有巨大的經濟損失。事實上，中國大陸現在絕大部分的經濟重地都處於50公尺等高線以下，其中包括聚集了上億人口的三大河口三角洲與其代表城市上海、天津、北京與廣州、深圳等地。僅上海、北京和深圳這三大城市，2009年的GDP總量就幾乎占到了全國國民生產總值的約10％，如將本章所述標誌性城市的GDP總量加以合計則要占到全國的1/4之多。一旦這些經濟重鎮失守於海水，中國經濟的切膚之痛可想而知。

況且，在這些直接創傷的背後，文化的遺失將是無法估量的。北京城的千年老城門，上海曲折的里弄和幽靜的公館洋樓，大浪撲來，又有哪一處能安然無恙？那些老舊的故事、那些獨特的韻味、那些惆悵的情懷，將來又到哪裡去尋覓呢？

## 走在海水進犯前面

損失如此慘重，無怪乎吉林大學地球探測科學與技術學院的楊學祥教授要在他《全球變暖中國成最大輸家：沿海人口的集聚與遷移》一文中將「沿海經濟」直接比作中國柔軟的腹部了。在他看來，沿海投資過度的環境安全和經濟風險預警正在被證實中，作為世界上在低海拔地區（海拔低於10公尺）人口最多的國家，中國現在已經到了該認真考慮人口從沿海向內陸遷移問題的時候了。

下面綜合了科學家與國際組織對於中國沿海城市危機論斷的時間表，或許能更直觀地表達楊學祥的擔憂：

2030年，寧波被大潮入侵；

2040年，溫州風暴潮肆虐；

2050年，海水入侵上海，香港洪泛嚴重，澳門海侵加劇；

2100年，深圳部分淹沒；……

　　此後，北京、唐山、天津、廈門、廣州、珠海、青島、三亞、福州、海口、煙臺，在南極完全融化、海平面上升50公尺後的中國大陸地圖上，都將被海水淹沒。

　　如此看來，當下就選擇做好遷徙的準備，以減少可能發生的損失，要比坐等被海水逼著離開好得多了。再或者，我們能在海水圍城之前找到更好的辦法？

### 香港

災難性質：海水淹沒、極旱、颱風侵襲
劫難程度：★★★★☆
行政歸屬：中國
總　面　積：1,105.6平方公里
總　人　口：733萬（2016年）
GDP比重：4.4%
平均海拔：31.9公尺
建城時間：明朝

# 大海討債

　　四次極旱、超級颱風、海水的全面侵襲，一次次敲響了香港在富裕繁榮背後的警鐘。世界自然基金會（WWF）將香港列入亞洲受氣候變化威脅最嚴重的10座城市之一。2009年底的這一份報告警告稱，香港正面臨著海平面上升的威脅。

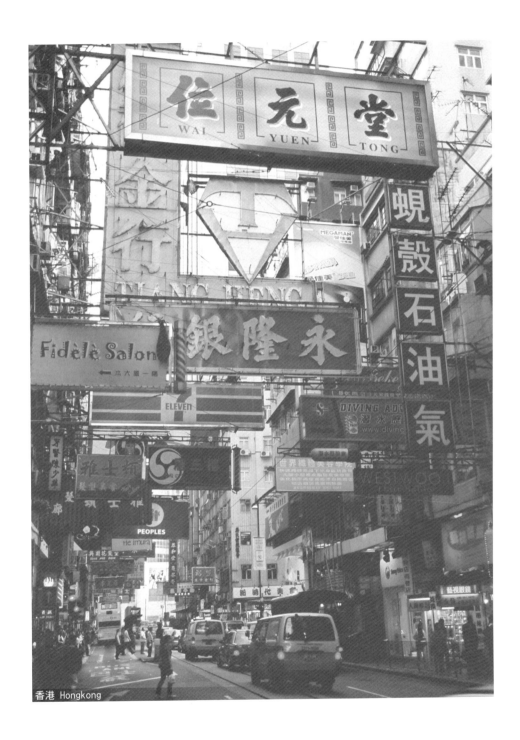

香港 Hongkong

　　亞太最繁忙的自由港、國際航運中心和貿易中心、亞太交通旅遊中心、國際金融中心⋯⋯這無數的光環與桂冠環繞的都是同一座世界名城，香港。

　　背靠大陸、面向大洋的香港，擁有得天獨厚的地理位置與港口資源。正是因為其被譽為世界三大天然海港之一的「維多利亞港」【注】異常出色的自然條件，早年英國人才不惜以發動鴉片戰爭為手段來從滿清政府手上奪得此地，以便發展其遠東的海上貿易。

　　1997年，香港回歸，而這裡吸引國內外目光的也早已不單是便捷自由的航運貿易。基於出色的貿易條件與基礎設施服務，在僅有上海1/6面積的香港，截至2007年就有100多個國家的領事館或總領事館和超過3,800家跨國公司的地區總部落戶。並且，香港2009年高達14,700億元的GDP已經占到了中國的4.4％之多，在中國國內僅落後於面積與人口都遠勝於它的上海。

　　在經濟金融之外，香港的知名更與它極富感染力的文化息息相關。這裡自1913年開始的電影事業今天已是享譽全球，有「東方好萊塢」之稱。而諸如成龍、周星馳、李連杰、劉德華等香港藝人在國際上均有盛名。華人熟知的武俠小說界「泰山北斗」金庸，也是香港文化人中的代表。

　　對於更多人來說，每年12月前後的聖誕打折季更是香港不可多得的誘人之處。時尚潮流的休閒購物之都已成為了當今香港的另一重要角色。

　　儘管對於整個中國大陸來說，香港占地不過彈丸，但其經濟與戰略地位對於中國都是極其重要的。一旦海水侵犯人口集中、商業集聚的香港，損失必將慘重。

　　其實早在1992年，華盛頓氣象研究所的約翰・托平博士就在一次地質

---

【注】維多利亞港：位於香港的香港島和九龍半島之間的港口和海域，是中國的第一大海港，世界第三大，僅次於美國的舊金山和巴西的里約熱內盧。

學會會議上披露：由於人類的活動加上氣候變化，海平面上升的幅度甚至將比人們所擔憂的還要高，香港很可能在21世紀被海水淹沒。

前不久英國金融時報的報導則警告香港：「一項報告顯示，亞洲兩大國際金融中心——香港和新加坡，正面臨由全球變暖引起的洪災及其他災禍的嚴重威脅。同時，香港正面臨著海平面上升的威脅。到2050年，中國珠江三角洲的海平面可能會上升40至60公分，這將使容易遭受洪泛侵襲的沿海地區面積擴大至多6倍，颱風造成的損失也有可能大幅增加。」

同時，香港天文臺臺長李本瀅也表示，香港氣候受全球暖化及城市化問題影響，趨向極端化。「香港整體氣溫至本世紀末會上升4至6℃，並出現四次極旱情況；同時雨天日數減少，每次雨勢將非常大；颱風數目將會減少，但威力卻增強，曾在上世紀60年代多次襲港的『超級颱風』也將再度重現。」

里昂證券公布的經濟研究報告採納了美國太空總署轄下研究中心的預測，若全球平均溫度上升約3℃，北極格陵蘭和南極大部分冰川會融化，水位會上升6公尺，屆時維多利亞港兩岸會回復至未填海的光景。皇后大道以南會被水淹沒，國際金融中心、匯豐和中銀大樓、維多利亞公園全被水淹浸，連添馬艦新政府總部亦難逃一劫。西九龍的填海區、香港文化中心也不會倖免，淹浸範圍北至旺角朗豪坊才止步。

## 深圳

災難性質：海水淹沒
劫難程度：★★★★☆
行政歸屬：中國廣東省
總　面　積：2,050平方公里
總　人　口：1,191萬（2016年）
GDP比重：2.4%
平均海拔：70～120公尺
建城時間：西元1979年

## 你會被誰拋棄

　　北京大學深圳研究生院相關專家研究發現，只用了30年就可以崛起的深圳，海水進犯，兵臨城下也僅僅只需要90年。

深圳 Shengzhen

在香港面臨全球變暖導致的氣候突變和海平面上升危機之時，深圳無法獨善其身。

2010年2月，深圳異常的天氣就為上述答案提供了有力的證據。在2月短短的28天中，深圳市的平均氣溫就經歷了上旬的19.7℃、中旬春節期間的11.3℃和下旬的21.7℃三種截然不同的天氣。如果根據氣象學的劃分，2月13日深圳已達到了「入冬」標準，20日又達到了「入春」標準，2月25日又回升到了「入夏」標準。一個月內，深圳穿越了冬、夏、春三季，反常之極。

對此，深圳氣象臺預報處副處長表示，過盛的暖濕氣流和強冷空氣是「三季」同月出現的原因，而這些現象從根本上還是由於全球變暖所導致的異常天氣。

如果僅僅是忽冷忽熱，氣象預報還能夠解決問題，但海平面的上升卻是無法回避的威脅了。

2009年5月，北京大學深圳研究生院城市人居環境科學與技術重點實驗室的李猷、吳建生等在《地理科學進展》雜誌上發表了一篇名為《海平面上升的生態損失評估》的論文。文中就以深圳的蛇口半島為樣本，預測該區域2100年相對海平面上升的幅度。

他們最後得出了驚人的結論：「2100年，當海平面上升1公尺時，屆時大鏟灣的圍墾養殖區，將可能被海水淹沒，沿岸居民將被迫向內陸遷移，蛇口半島的部分港區碼頭也將處在海平面以下。如遇50年一遇或更大的風暴潮，黃田至大鏟灣的養殖水域會被潮水侵襲，深圳機場也將出現水淹情況，造成巨大的直接經濟損失。」

而按照未來冰川融化，海平面上升50公尺的紅線來看，深圳目前居民區集中的福田區和南山區的大部分都在海拔50公尺以下，對於這些區域來說危機更甚。

## 越低越危險

在這個全國最低窪的城市，海平面上升將進一步催化肆虐的風暴潮，天津引以為傲的濱海新區，或許將是天津被淹沒的第一站。中國國家海洋局的預測──「未來30年，中國沿海海平面將比2008年升高130公釐，而天津沿岸將是海平面上升影響的主要脆弱區之一」，「天津地區一旦遭遇溫帶風暴潮，海水就會淹沒碼頭貨場」，讓人憂心忡忡。

### 天津

災難性質 ：海水淹沒、地面沉陷
劫難程度 ：★★★★★
行政歸屬 ：中國
總　面　積 ：11,920平方公里
總　人　口 ：1,562萬（2016年）
GDP比重 ：2.24%
平均海拔 ：2～5公尺
建城時間 ：西元1404年

天津 Tainjin

　　緊鄰北京、坐落於渤海灣的天津，是今天中國的四大直轄市之一，在歷史上亦是歷朝歷代的兵家重地。永樂初年，燕王朱棣為其前往京城奪取王位的天子渡口命名為「天津」，成為了這座城市600餘年輝煌之始。近代，天津曾一度成為亞洲第二大城市，世界聞名。是知名的經濟、金融、貿易和航運中心之一。

　　2008年，天津港貨物輸送量已達到世界港口第5位；2009年，天津市GDP約為7,500億元，全國排名第六。更可喜的是，天津原本偏向傳統工業的產業結構日益走上了創新之路，電子資訊產業成為第一大支柱產業。但是，即便是熟悉天津的人也很少知道，這座城市的海拔高度僅為2～5公尺，是整個中國大陸最低窪的地區。低窪且臨海，這背後的意義相信不言自明。

　　一方面，是因缺水而致的地下水過量開採，讓天津城區下沉嚴重，另一方面，是中國國家海洋局關於「未來30年，中國沿海海平面將比2008年升高130公釐，而天津沿岸將是海平面上升影響的主要脆弱區之一」的預測。海水淹沒天津，顯然已不僅僅是一個猜想。

　　1985年，一場特大風暴潮就曾淹沒了天津沿海區域相當大的範圍，造成直接經濟損失達 2 億元；1992年，又是一場特大的風暴潮襲擊，這次的經濟損失高達4億，還毀掉了當時天津約80％的海堤。而中國國家海洋局第三海洋研究所研究員周秋麟表示：「海平面上升會導致風暴潮災害頻繁發生，中國20世紀按照百年一遇設計的防潮工程，已經無法抵禦天文大潮【注】的影響。天津地區一旦遭遇溫帶風暴潮，海水就會淹沒碼頭貨場。」

　　可以預見，一旦海平面上升顯著，這些已經發生過的災害會更加嚴重，從碼頭到濱海新區到整個城區，海水湧入天津只會是時間問題。

―――――――――――――――――――――――――――――――――――

【注】　天文大潮：由於太陽和月亮的引力引起的海水週期性漲落被稱為潮汐，而天文大潮則是指在太陽和月亮的引潮合力的最大時期發生的潮汐。天文大潮一般在朔日和望日之後一天半左右，即農曆的初二、初三和十七、十八日左右。

## 廣州

災難性質：海水淹沒、地面沉陷
劫難程度：★★★★★
行政歸屬：中國廣東省
總 面 積：3,843.43平方公里
總 人 口：1,404萬（2016年）
GDP比重：2.72%
平均海拔：11公尺
建城時間：秦（西元前214年）

# 當悠閒已成往事

　　突然坍塌的路面、搖搖欲墜的建築、日益
溫暖的城市、虎視眈眈的海水，擺在廣州面
前的就是「內憂外患」的未來數10年。專家
認為「在被淹沒的問題上，廣州甚至和吐瓦
魯一樣典型」。

　　這一次，廣州不容悠閒。

廣州 Guangzhou

中國通往世界的南大門廣州，正迎來風頭正勁的一年。亞運會的舉辦城市和全國第三的GDP總量，讓廣州在珠江三角洲的名城地位不容動搖。由於年平均溫度都在22℃左右，溫暖的冬季裡廣州常常會迎來許多北方來此地過冬的「候鳥族」。

廣州也被稱為「羊城」或「穗城」，據說是因為傳說中遠古曾有五位仙人騎著嘴銜稻穗的五色仙羊降臨此地，把稻穗贈給百姓以祝願這裡永無饑荒，因此才有了如此美稱。

這座城市從不曾被歷史埋沒。它是赫赫有名的「海上絲綢之路」的起點，更是今天中國沿海最重要的港口城市之一，與香港和澳門僅一水之隔。而作為最早的通商口岸，自唐代開始的海外移民歷史亦為廣州城千古不衰的繁榮與興旺奠定了基礎，成就了全國最大的華僑之鄉。2009年，廣州市9,112.7億元、僅次於上海與北京的GDP正是這興旺的明證。從上世紀50年代一直延續至今的「廣交會」【注】更是享譽全球，擁有「中國第一展」的桂冠。

並且，人們在某些角度上對廣州的印象甚至還要勝過上海與北京。這或許是因為幾代人自幼熟知的那些發生在近代史上的革命故事，又或許是因為電影中對黃飛鴻的生動描述，更可能是因為廣州這座城市從骨子裡透出的親切與溫暖。

名列前茅的經濟實力與種種令人嚮往的閒適生活，使得廣州的外來人口日益膨脹，城市擴張也成為必然。出乎意料的是，近年來，正當人們在老廣州城的基礎上如火如荼地開展各項建設之時，這座城市卻突然暴露出了它脆弱的一面。

---

【注】 廣交會，最早創辦於1957年，迄今已經有五十餘年歷史，自2007年4月第101屆起更名為「中國進出口商品交易會」。這個展銷會每年春秋兩季在廣州舉辦，是中國目前歷史最長、層次最高、規模最大、商品種類最全、到會客商最多、成交效果最好的綜合性國際貿易盛會。

2009年7月，廣州市大沙頭一處路面突然發生了面積近40平方公尺的地陷，地陷從約2公分的裂縫開始，隨後擴張成了一個深度超過30公尺的大坑。搶修人員用綿延長達百公尺的水泥攪拌車一輛接一輛地將混凝土倒入大坑，4、5個小時卻仍未填滿。

就在這次地陷發生的前不久，廣州市國土房管局剛好發布了《廣州市2009年度地質災害防治方案》。方案中公布了截至2009年2月底廣州已發現並記錄在冊的地質災害隱患點，合計竟有677處之多！

對於發生地陷的原因，方案指出：「廣州市多雨的氣候背景、活動的斷裂構造、廣布的淤泥質地層等自然條件是地質災害發育的客觀因素，但人為活動已成為孕災環境中越來越重要的因素，全市85％以上的地質災害與人為活動密切相關。」

長此以往，未來被「戳」得滿目瘡痍、千瘡百孔的廣州已經不難想像。然而，這並不是廣州危機的全部，因為或許早在這一天來臨之前，海水就早已將這座「花城」完全淹沒了。

2009年12月11日，國際野生生物保護學會華南項目主管張貴紅就在一次電視節目上講述了氣候變化將給包括廣州在內的華南地區帶來的影響。他認為，到2050年珠江三角地區將有1,154平方公里的土地被淹沒，而廣州與佛山首當其衝。「在被淹沒的問題上，廣州甚至和吐瓦魯一樣典型。」而後者正是因氣候異變，將面臨第一批沉沒命運的悲劇國家。

而中國科學院南海所教授周蒂亦表示了相似的意見。「就珠江三角地區來說，如果繼續不採取任何措施，到2050年前後，海平面就將會升高30公分。」他指出，即便採用防海潮等措施，受淹面積也將達到1,153.47平方公里。按此推算，廣州等大城市的沿海地區顯然不能倖免於難。

國家海洋資訊中心的估算則更進一步指出，如果海平面上升1公尺後，廣東省被淹沒面積將高達6,520平方公里，這些沿海地區面臨的將不僅是風暴潮一時侵襲之災，很可能是被海洋整個淹沒，就此永遠從地圖上消失！

## 北京

災難性質：荒漠化擴大、海水淹沒
劫難程度：★★★☆☆
行政歸屬：中國首都
總 面 積：16,411平方公里
總 人 口：2,172.9萬（2016年）
GDP比重：3.54%
平均海拔：43.5公尺
建城時間：西周初年（約為西元前1046年）

## 黃沙有「毒」

　　在北京城千年歷史上年年來襲的沙塵暴，因全球極端氣候頻發和城市化的影響而愈演愈烈。曾經古色古香的京韻城池，會被沙塵窒息還是海水沒頂？2010年4月，美國《新聞週刊》公布了因地球變暖而從地球上消失的100處名勝景區，北京名列其中。

北京 Beijing

　　建城已有3,000多年，就連作為首都的歷史都有850多年的古都北京，生來就得天獨厚。如古人所說，這裡左環滄海、右擁太行，穩居華北平原的西北邊緣，誠天府之國。正是因此，自秦漢以來，北京就一直是中國北方的軍事和商業重鎮，歷史上的諸多朝代也屢屢定都於此。

　　今天的北京延續了它千年的歷史風範，除了莊嚴的首都身分外，也是中國重要的金融中心和商業中心之一。2011年，北京地區的國民生產總值比上年增長了8.1%，達到16,000.4億元，人均GDP僅次於天津、上海。

　　頗令人回味的是，這座城市在繁華的王府井大街與不斷擴張的道路環線之外，骨子裡依然沒有忘記數千年來原汁原味的京腔京韻。從高空俯瞰偌大的北京城，那方方正正的、圍繞著一個中心點的建築布局，依然保有千年皇城的雍容華貴。

　　如果想要更深地體會北京，在瞻仰了城中肅穆莊嚴的紫禁城與享譽海外的皇家園林後，還應該去那些帶著老北京味道、令老外神往不已的大小胡同和四合院裡轉轉。

　　此外，在北京城裡，清晨街頭抑揚頓挫的京戲段子、午後茶館裡技驚四座的說書、亮了燈後「東來順」裡滑嫩飄香的涮羊肉以及後半夜熱鬧紅火的三里屯和後海，同樣代表著新老北京城別具一格的腔調。

　　可惜，就是這樣一座既古老又現代的、京味十足的百年古都，眼下竟然也面臨著嚴重的城市劫難，沙塵暴的肆虐已經成了北京城的心頭大患。

　　2010年3月的強沙塵暴先後影響了中國大陸地區21個省區，甚至蔓延至遠在南方的香港和海峽對面的台灣，而北京也遭遇了那次重災。在沙塵侵襲的當天，北京城區的空氣就達到了五級重度污染，而昌平區的瞬間風力更是直逼10級，足以傷人。事後的媒體報導稱，此次沙量如果均分給北京人，每個人能分到十幾噸沙子。

　　事實上，沙塵天氣是北京歷來的痼疾，早在北魏年間就已經出現了沙塵暴的史料記錄，這與北京歷來乾燥的氣候與自身地理位置不無關係。而

對於北京近年來的沙塵暴，中國科學院寒區旱區環境與工程研究所（蘭州）研究員陳廣庭在其研究論文中分析道，除了內蒙古與西北地方的沙源外，城市建設速度快、棄土裸露多引起的「就地起沙」也成為了沙塵暴的原因之一，地下水位的下降導致整個環境的乾旱化同樣也不容忽視。顯然，這都與城市化活動和人口的聚集有著密切的關係。

今天的北京，在近2,000萬人口的壓力下就不得不向濕地擴張以尋求土地，地下水依然被源源不斷地抽取以供更多人使用，如果未來城市將容納上億人口時，環境形勢只會更加嚴峻。更何況全球變暖下異常的氣候與高溫早已成為了令京城涉險的另一大推手。

IPCC（聯合國政府間氣候變化專門委員會）第四次評估報告指出，影響亞洲沙塵暴發生的主導因素是天氣和氣候變化。對於北京來說，2010年3月裡先後5次異常強的冷空氣正是引發北京大風，使得數次沙塵天氣集中發作於3月中旬的原因。在全球氣候變化的大勢下，頻發的極端天氣成為了北京沙塵暴天氣集中爆發的誘因。

而美國《新聞週刊》在2010年4月公布了因地球變暖而從地球上消失的100處名勝景區，北京也因強烈的沙塵天氣和嚴重的沙漠化而名列其中。週刊中指出：「溫度升高加上降雨量的降低可能會使水供給減少，荒漠化擴大。」亦將北京黃沙漫天的一個重要原因指向了全球變暖。

更為可怕的是，即便黃沙不會過早令這座古城完全蒙塵，海水亦可能先將它摧毀了。在本章綜述中提到的那幅依據50公尺等高線繪成的新海岸線圖中，北京早已被劃入了未來海域的範圍。這意味著，隨著全球升溫、冰川加速融化的步伐，未來上百年間北京極可能面臨著被淹沒的命運。

## 逃離賭城

澳門氣象部門分析認為，2050年，澳門的海平面會上升0.5公尺，澳門水浸情況將進一步加劇；到海平面上升50公尺時，澳門將沒入汪洋。

### 澳門

災難性質：海水淹沒
劫難程度：★★★★☆
行政歸屬：中國
總面積：30.5平方公里
總人口：61.22萬（2016年）
GDP比重：0.43%
平均海拔：10公尺
建城時間：秦朝

澳門 Macau

　　澳門位於珠江三角洲西側，由澳門半島、氹仔島和路環島三個島嶼組成，總面積僅有32.8平方公里。儘管面積或許還不到上海郊區的一個縣城大小，這裡卻居住著大約55萬的人口，堪稱全球人口密度最高的地區。

　　雖然小如彈丸，但緊鄰珠海市、東面與香港僅距60公里的澳門卻是全球最富裕的城市之一。與香港不同，澳門長盛不衰的動力來源於島內著名的紡織品、玩具、旅遊業、酒店和娛樂場，更是「世界四大賭城」之一。

　　這片地域的人均GDP已由1999年的13,844美元飛躍到2008年的39,036美元（約合1,184,742臺幣），增長2.8倍，躍居亞洲第二位。

　　並且，400年的葡萄牙殖民統治，還使得澳門在東西融和共存中成為了一個獨特的城市：既有古色古香的中式廟宇，又有莊嚴肅穆的天主聖堂，整個澳門約有1/5的面積是中西文化交流融合的產物。

　　就算是富裕驚人的澳門，其位於珠江三角洲西側、平均海拔僅10公尺左右的島嶼地形亦讓它逃不過海平面上升的考驗。早在1989年颱風襲擊澳門時，就曾引起半個澳門全部進水的災難，而今天一旦颱風海浪來襲，澳門臨海的街市依然會發生海水倒灌【注】，水深及腰。

　　澳門特區政府地球物理氣象局2009年初表示，依據對資料的初步分析，受到全球氣候變暖影響，2050年，澳門的海平面可能上升0.5公尺，加上熱帶氣旋數量和強度增加，未來澳門的水浸情況將進一步加劇，而這僅僅是上升0.5公尺必然發生的情景。

　　顯然，如果到了冰川全部融化的境地，這座「東方蒙地卡羅」蒙難之日已不遠矣。

---

【注】　海水倒灌：就是海水經地表到達陸地。出現海水倒灌的原因可能是地勢低窪、遇到潮汐或巨浪，也有可能是地下水的過分開採。出現海水倒灌的地點通常情況是在季風氣候內河流的入海口以及喇叭形河口處。海水倒灌不僅會污染土壤從而影響農業，而且也會污染了日常用水，會對人體健康產生危害。

## 盆地盛水

專家預測，海平面上升對於福州的影響較大。在福州盆地中，海拔在3公尺以下的近80平方公里土地，似乎已經難逃被淹沒的厄運。

### 福州

災難性質：海水淹沒、颱風肆虐
劫難程度：★★★★☆
行政歸屬：中國福建省
總 面 積：12,251平方公里
總 人 口：757萬（2016年）
GDP比重：0.75%
平均海拔：84公尺（38平方公里土地海拔
　　　　　1～3公尺、40平方公里土地
　　　　　海拔1公尺以下）
建城時間：西漢初

福州 Fuzhou

　　福建省的省會城市福州，因「州西北有福山」（今董奉山）而得名，又因自宋代起就遍植榕樹、綠樹成蔭而被稱為「榕城」。福州位於閩江入海處的河口盆地中，四周被崇山峻嶺所環抱。

　　自西漢初年起已有2,200多年城市歷史的福州同樣也是中國歷史文化名城之一，在歷史上還是被譽為「福海寶地」的貿易良港。而今天的福州更是福建省的經濟支柱市之一，該市2009年2,524億元的GDP已占到了福建省國民生產總值約1/5。

　　並且，福州還占據了台灣海峽西岸的重要地理位置，與台灣僅一水之隔，是大陸離台灣最近的地方。兩地間空中直航時間僅25分鐘，揚帆往來朝發夕至。

　　如此地勢果然不負福州的寶地之名，但在海平面上升已然成為大勢的今天，同樣是沿海港灣城市的福州也面臨了相同的危險：颱風倍加肆虐，被海水淹沒。

　　早在20多年前，福建師範大學地理研究所就開始了對於海平面上升及其對福州影響的研究。專家預測，海平面上升對於福州的影響較大。因為儘管福州市的平均海拔能達到84公尺，福州盆地中海拔高度在1～3公尺的卻有38平方公里土地，而海拔在1公尺以下還有40平方公里。如果海平面上升1公尺，這兩個部分必然被淹。

　　專家同時表示：「閩江下游是福建省洪澇災害多發區，隨著海平面的升高，閩江感應潮位的河段水位也將提高，流速減慢。當遇到洪水的時候，將會延緩閩江河水向海排泄，極易造成內澇。」顯然，地處盆地，又是閩江入海口的福州市不可能倖免於難。

　　而海平面上升將帶來的鹽水入侵福州城市供水和對颱風影響的加劇，更是福州迫在眉睫的危機。

## 青島

災難性質 ：海水淹沒
劫難程度 ：★★★★☆
行政歸屬 ：中國山東省
總 面 積 ：11,067平方公里
總 人 口 ：920.4萬（2016年）
GDP比重 ：1.46%
平均海拔 ：76公尺
建城時間 ：明代中葉

# 升溫浩劫

　　鮑魚死亡，水母襲擊，升溫的前奏已經在青島奏響。如果海平面再上升，鹹水入侵、風暴潮加劇、沙灘侵蝕已成定局，而青島罹難又在何時？

青島 Qingdao

在中國，僅有兩個城市敢借歐洲著名的旅遊城市瑞士之名，稱自家為「東方瑞士」。其一就是山東半島東南的避暑勝地青島。

作為山東省經濟重地，青島還擁有「品牌之都」的名號，這裡著力支持培育了大批諸如青島啤酒、海爾、海信等大集團企業在內的知名品牌。

儘管一直受到溫和的海洋性氣候的眷顧，青島的極端氣候現象並不多見，但全球升溫的腳步還是在「東方瑞士」初現雛形。

2009年，在青島海濱養殖鮑魚、海參的水產養殖戶苦不堪言，隨著海水水溫升高，他們養殖的名貴水產死亡率一年高過一年。而華電青島發電有限公司更是遭到了水母的「襲擊」，取水口湧進了大量的水母，使得發電機組迴圈水系統隨時可能停工，電廠不得不用專人每日清理水母。

專家表示，幸喜冷水的鮑魚等水產大批死亡和水母、海星對於青島近海的大肆「侵犯」，都是全球變暖造成海洋生態環境變化從而在青島表現出的異常近況。

而更值得警惕的是，中國海洋大學極地海洋過程與全球海洋變化重點實驗室主任趙進平教授在一次採訪中表示，儘管青島附近海域的海平面上升暫時不會對市民的生活造成任何影響，但隨著海平面的不斷升高，可能會導致地下水由淡水轉為鹹水，造成資源衰退，也會加劇風暴潮等災難的發生。

同時，旅遊業會受到相應的危害。在一篇關於全球變暖負面影響的報導中預測，如果海平面上升50公尺，包括青島在內的大批濱海旅遊區將向後撤退31～366公尺，沙灘損失24%。這意味著，青島美麗的碧海銀灘或許沒有太多時間可供人回味了。

未來因冰川融化而完全重塑的海岸線上，最終將會使得山東半島被攔腰截斷成兩個真正的島嶼，而正處於「兩島」間的青島市將被完全淹沒。到那時，這依山傍海、紅瓦綠樹的美景與享譽全球的啤酒狂歡節又能到何處去尋覓？

# 當颱風愛上這裡

同樣位於海南島低窪的沿海平原，海口市又怎能逃過海平面上升這一劫難呢？

## 海口

災難性質：海水淹沒、颱風侵襲
劫難程度：★★★★☆
行政歸屬：中國海南省
總　面　積：2304.84平方公里
總　人　口：224.6萬（2016年）
GDP比重：0.15%
平均海拔：14.1公尺
建城時間：宋代

海口 Haikou

　　與三亞分居海南島南北兩側的海口市是海南省的省會城市和商業中心，其「海口」之名自宋代出現至今已有900多年歷史，更是自宋末元初就已開埠的早期港口之一。

　　同是海南島上的濱海城市，海口與三亞的發展是差異化的。雖然都地處熱帶海濱，同樣擁有中國國內最好的空氣品質和海灘特色自然風光，名列國家優秀旅遊城市之一的海口，卻並不以旅遊業為支柱產業，反而是島上主要的大型企業和高薪技術產業的落戶之地，公共設施與商業配備都很完善。

　　2009年，海口市地區生產總值達489.6億元，比上年增長了10.8％，同時也是當年海南省的第二名三亞生產總值的2.7倍，足可見其在海南島上的商業中心地位。

　　就算三亞的風景再美，人們到海南島還是必然會去海口，這裡彙集了各式各樣海濱風情的商品和全島各地的風味小吃。生猛海鮮和熱帶水果自不必說，其他諸如咖啡、椰子糖、椰蓉、椰汁等能帶走的土特產也都是引人垂涎的好東西。況且，海南島上的海水珍珠、椰雕貝雕和珊瑚盆景也都是不可多得的紀念品。如果時間充裕，找家小店嚐嚐海南的名產「海南粉」和風靡全島的清爽甜品「清涼補」也無疑是件樂事。

　　然而，同在一島之上、海拔同樣低迷的海口顯然無法忽略海平面上升的威脅，這裡亦是未來冰川融化導致海平面上升後處於50公尺等高線以下的地區。這意味著，海口在海平面上升的大勢面前也面臨著被淹沒的命運。並且，颱風較之三亞歷來更「青睞」這裡，這意味著即使海平面的上升未到淹沒的程度，一場猛烈的颱風也足以讓海口進水，狼狽不堪。海口的未來命運，不容樂觀。

## 三亞

災難性質：海水淹沒、海岸侵蝕
劫難程度：★★★★☆
行政歸屬：中國海南省
總 面 積：1,919.58平方公里
總 人 口：75.43萬（2016年）
GDP比重：0.05%
平均海拔：7公尺
建城時間：秦始皇時期

# 天涯海角
# 原來不是盡頭

　　擁有「天涯海角」的三亞，被稱為「東方
夏威夷」的三亞，同時也是平均海拔僅有7公
尺的海島城市三亞，沉沒命運似已註定。

三亞 Sanya

在柔軟的沙灘上，一對高10多公尺、分別刻有「天涯」和「海角」字樣的青灰色礁石拔地而起。傳說中，這兩塊巨石是一對不被父母認可的青梅竹馬，攜手私奔被追趕到海邊，雙雙投海而化。天之邊緣、海之盡頭，描述的正是擁有「天涯海角」的旅遊名城三亞市。

這裡有全國最長的日照時間、最好的空氣品質、最適宜人居的氣候環境和最大最美的平民海灣。據說，正是因為這裡在世界上都要排前三的優越自然條件，三亞還成為了中國最長壽的地區，生活著70多位百歲以上的老人。

而且，全海南島最美麗的海濱風光可能都集中到了這裡。亞龍灣、大東海、三亞灣，無一不是海藍沙白的優質海灘。

在大好前景之下，位於海南島濱海平原的三亞卻已經意識到了暗伏的危機。

海岸線侵蝕嚴重是危機之一。在2008年該市政協關於保護海南海岸帶的幾點建議的提案中，這一問題就已經被提上了議程。提案中指出：「沿岸公路建設和旅遊房地產開發，嚴重威脅海岸帶生態環境，加劇海岸侵蝕，造成海岸線後退明顯。2002年以來，三亞灣的海岸線平均以每年1～2公尺的速度向近岸推移，直接威脅海島陸地。」

而中國國家海洋局的相關調查也表示，三亞灣部分岸灘受海岸侵蝕影響逐年後退，侵蝕速率為每年1.6公尺。

如果只是因人為建設原因而致的海岸侵蝕，或許還可以採用培植紅樹林和填沙等補救方式來應對。只怕更嚴重的危機是身處海島之上的三亞，如何逃得過海平面上升的大劫？

三亞所在的海南島，本就與台灣位置差得不遠，而且同樣是一個山地、丘陵、平原和臺地多種地形兼備的海島。島上地形中高周低，海拔逐級遞減，如同一個倒放的鍋子。而三亞則恰恰是在這「鍋子」的外緣，平均海拔僅7公尺的平原地區。可以想像，一旦海平面上升加速，最初將是

三大著名的休閒沙灘被漸漸吞沒，隨後是被抬高的海平面上愈演愈烈的颱風災害。而最後重塑的海岸線上，整個三亞的消失已成定勢，「天涯海角」將沒入海底沉睡。

## 再見，鼓浪嶼

依山傍水的廈門市，縱有數座高峰將平均海拔拉高至沿海城市罕見的200公尺有餘，仍不能改變這座島嶼城市低窪的地勢實質。有專家認為，如果北極冰川依照目前的速度繼續融化，到2050年時，廈門與它的標誌鼓浪嶼就有被淹沒的危險。

### 廈門

災難性質：海水淹沒、颱風侵襲
劫難程度：★★★★☆
行政歸屬：中國福建省
總 面 積：1,865平方公里
總 人 口：392萬（2016年）
GDP比重：0.52%
平均海拔：201公尺
建城時間：西元1387年創建

廈門 Xiamen

傳說中因遠古時期白鷺棲居而得名「鷺島」的廈門，是一個同它的名字一樣美麗的城市。它隸屬於福建省，坐落於閩南低山的丘陵地帶，由深入海灣的沿海低地、半島和星羅密布的小島嶼組成，造就了一幅「城在海上，海在城中」的優美城市風景畫卷。

歷史上的廈門建城距今已有1,700多年歷史，而史冊上最早出現的「廈門」一名，則是出自明朝洪武年間，寓意為國家大廈之門。1981年，廈門被定為中國五個經濟特區之一，從此迎來了發展的春天。

回首鴉片戰爭後「五口通商」的被迫開放，今天的廈門已經成為了一個自由的國際港口和繁榮的貿易都市。在2008年全中國城市的GDP排名中，廈門以1,560億的成績位居56位，占當年中國國民生產總值約0.52％。即便是在自古富饒的福建省，這一成績也僅是稍稍落後於泉州與福州二地。與1981年廈門僅為7.41億的GDP相比，更是在短短的27年間增長了210倍之多。

但是，廈門的驕傲卻不僅來自於這些。對於本地人與眾多遊客來說，或許只有鼓浪嶼才能夠道出這座城市的海島風情。

作為今天廈門的標誌，鼓浪嶼在清朝時曾淪為英、美、法、德、日等13個國家的公共租界，又因這段歷史意外獲得了「萬國建築博覽」之名。

今天的鼓浪嶼，碧波、白雲、綠樹與起伏的青山和幽靜的屋舍相輝映，小巧的土地上矗立著風格迥異的各式建築。中國飛簷翹角的古典廟宇、閩南風格的院落平房、小巧玲瓏的日本屋舍、歐陸風格的原領事館和江南古典園林的精品在這個小島上和諧共存，構築了一道獨特的風景。

在自然與建築之外，鼓浪嶼上還自有一股醉人的氛圍。不到2平方公里的面積與僅僅一萬多人口，這座小島上卻擁有500多台鋼琴。而林語堂、林爾嘉乃至今天仍居於此的鄭小瑛和舒婷等名人，徜徉在海濱與老房之間，無不沉醉於此。或許，島上這如同置身世外的絲絲超凡氣息，渲染的正是整個廈門的城市氣質。

正是這樣一座充滿朝氣、令人流連忘返的濱海名城，如今也正面臨著如果全球持續變暖、海平面上升，海島美景將沉入海水之中的危險。

廈門海洋三所環境動力所的吳培木研究員指出：「如果結合溫室效應，並以年平均上升速率2.2公釐來預測廈門的海平面變化，氣溫如上升1.5℃，2025年廈門海平面將上升19.7公分，2030年將上升22.6公分，2050年將上升33.8公分；如氣溫上升3℃，2025年廈門海平面將上升36.2公分，2030年將上升41.4公分，2050年則將上升62.1公分。」

如此大規模的海平面上升，將使這座幾乎全以島嶼和半島為活動中心的城市岌岌可危。預感到威脅的廈門，近年來已經將其警戒水位從6.8公尺提高到了7公尺來防範海洋災害，沿海工程也多按百年一遇的標準來進行規劃建設。

即便如此，海平面的上升的破壞力依然不容小覷，它能輕而易舉地加重廈門作為沿海城市最易遭受的風暴潮災害。例如1996年的一次並未正面登陸廈門的颱風，由於天文大潮的影響，潮位高達7.69公尺，超過廈門警戒水位69公分，就直接導致了鷺江道、廈港、廈門大學操場等地嚴重受淹。

顯然，這一超出警戒的數值與吳培木所預估的3℃條件下、2050年廈門海平面將上升的數值相差無幾。這意味著，如果海平面升高如期而至，即便不受天文影響，每年颱風季節水淹廈門也將成為一種常態。如果正巧又適逢天文大潮，結果將是不可想像的。

而集美大學教授、從事環保工作30餘年的高級工程師林地球則更為直接的表示：「按照北極冰川目前這樣的融化速度，如果控制不好，繼續發展下去，到2050年時，包括廈門在內的中國沿海城市都有被淹沒的危險。」到那時，廈門與它精心養護的鼓浪嶼或許都將消失。

**唐山**

災難性質：海水淹沒
劫難程度：★★★★☆
行政歸屬：中國河北省
總 面 積：14,152平方公里
總 人 口：780.12萬（2016年）
GDP比重：1.1%
平均海拔：北部300～600公尺；南部與西部
　　　　　僅15～10公尺
建城時間：西元1938年

# 毀滅重來

　　中國國家海洋局發布的2009年中國海平面公報中指出唐山沿海地區2009年就已經發生了海水入侵的現象，入侵距離超過21公里。北高南低面向渤海的地勢和大部分地區不足50公尺的海拔高度，使得地震之後重建的唐山在未來海平面上升的災難面前再臨大敵。

唐山 Tangshan

　　地處渤海灣中心地帶的唐山市，是一個你絕不會陌生的地方。

　　1976年7月28日震驚世界的唐山大地震就是發生在這裡。那場同一天爆發了2次、震級均在7級以上的大地震如同恐怖的幽靈一般在深夜降臨，許多人在睡夢之中便被帶走了生命。

　　在承受過這一次自然重災之後，唐山的恢復力是驚人的。從初步清理、試點建設到大規模重建，人們用了10年時間完成了新唐山的建設。1984年，百貨大樓開業；1988年，所有的唐山人都遷入了新居；1990年，這裡獲得了中國第一個聯合國「人居榮譽獎」。

　　震後崛起的唐山經過幾十年發展，現在已經躋身中國港口10強，與國際合作建設的「四大功能區」格局也在2008年初步形成。2009年，唐山市以3,850億元的GDP位居河北省首位。

　　現在的唐山，建築全部按照抗震8級以上的標準修建，在地震面前稱得上是全中國最安全的城市。只是，沒有人會想到在地震過去30多年後的今天，全球變暖又給這塊土地帶來了潛藏著的新災難。

　　位居燕山南麓的唐山，地勢北高南低延伸至渤海。這座城市的北部多山，海拔在300～600公尺之間，中部開始為海拔50公尺以下、地勢平坦的平原，再往南部和西部則是濱海鹽鹼地和窪地草泊，海拔僅有15～10公尺。這樣的地勢在海平面上升的威脅面前，毫無遮擋。

　　而中國國家海洋局發布的2009年中國海平面公報中指出，由於海平面上升和地下水位下降等因素的影響，唐山沿海地區在2009年就已經發生了海水入侵的現象。入侵距離超過21公里，造成了被淹區域內土地的大片鹽鹼化。

　　雖然對受海平面上升影響的脆弱區有著高度重視的河北，自2007年就已經開始了曹妃甸海堤工程的建設，以保證未來唐山市曹妃甸經濟發展區的可持續發展。但從長遠看來，如果變暖形勢持續惡化，冰川融化導致海平面加速上升，依照唐山大部分地區不到50公尺的海拔高度來看，這座城市極可能面臨沉入海底的又一次大難。

### 珠海

災難性質 ：海水淹沒
劫難程度 ：★★★★☆
行政歸屬 ：中國廣東省
總　面　積 ：1,732平方公里
總　人　口 ：167.53萬（2016年）
GDP比重 ：0.31%
建城時間 ：西元1953年

# 浪漫無處安放

　　在廣東省氣象局首次發布的《廣東氣候變化評估報告》中透露：到2050年，未來海平面上升30公分時，珠江三角洲的可能淹沒面積達1,153平方公里，珠海正是其中受威脅最大的城市之一。以浪漫見長、因愛情聞名的珠海，或許也只能眼看著苦心經營多年的美麗城市沒入海水之中。

珠海 Zhuhai

生在海邊的城市，大多從骨子裡就透著浪漫。但能讓一條名為「情侶路」的景觀大道成為城市標誌，並預備著再弄出幾條「情侶一路」、「情侶二路」……直至將所有的海濱道路都以情侶命名的，除了珠海還能有哪裡呢。

車一入珠海市區，就開上了這條順著蜿蜒曲折的海岸線和海灘而建的情侶路，伴著棕櫚樹與星星點點的燈光，猶如沒有盡頭一般。

當然，僅一條濱海的浪漫道路遠不能代表珠海，這座既古老又年輕的城市比之深圳、上海不同，至今保有一種截然不同的韻味與溫情，這要得益於珠海超前的城市規劃意識。

「堤岸陸域沿河縱深60公尺和沿海縱深80至100公尺範圍內，禁止興建任何建築物、構築物，主要用作綠化園林建設。海拔25公尺等高線以上實行封山育林，禁止興建非供公共休憩的建築物、構築物，防止阻擋山體風光。」正是這些來自於珠海城市規劃立法中保護岸線的細緻條款，為珠海留住了今天在城市罕見的藍天白雲與青山綠水。

儘管在廣東省，珠海2009年度1,037.69億元的GDP只能剛好排在第10位，但對於這片有著數千年漁獵生活歷史，真正建縣才不過短短50載光陰的海濱小城來說，用完美生態作為城市發展的後備空間依然不失為一個卓有遠見的選擇。

預測珠海未來的生態經濟，前提是這座城市能夠長久的存在下去，而眼前的問題卻是，珠海之名已經赫然印在了全球變暖、海平面上升的高危地區之列。

在廣東省氣象局首次發布的《廣東氣候變化評估報告》中透露：到2050年，未來海平面上升30公分時，珠江三角洲的可能淹沒面積達1,153平方公里，珠海正是其中受威脅最大的城市之一。而國家海洋資訊中心的估算表示，如果海平面上升到1公尺，廣東省被淹沒面積將高達6,520平方公里。到那時，珠海或許將與廣州同樣面臨著消失的命運！

## 寧波

災難性質：地面下陷、海水淹沒
劫難程度：★★★★★
行政歸屬：中國浙江省
總 面 積：9,365平方公里
總 人 口：591萬（2016年）
GDP比重：1.2%
平均海拔：4～5.8公尺
建城時間：西元400年

# 緊急下陷

　　即便海平面沒有大幅上升，下陷的地面也足以讓低窪的寧波被海水淹沒。有關科學監測的結果已經指出，如果寧波的地下水開採和回灌還不能做到同步，到2030年，寧波市區就有可能在海水漲潮時全部被淹。

寧波 Ningbo

　　即便海平面沒有大幅上升，下陷的地面也足以讓低窪的寧波在2030年就被海水淹沒。

　　寧波市歷史悠久，在遠古時就是著名的河姆渡文化的發祥地，唐代又成為了「海上絲綢之路」的起點之一，在當時就與揚州、廣州並稱為中國三大對外貿易港口。而如今的寧波，既是經濟強省浙江省的三大經濟中心之一，又是浙江對外開放的主要門戶。條件優越的寧波港也作為上海國際航運樞紐港的重要組成部分，已與世界上100多個國家和地區的600多個港口開通了航線。

　　並且，這座城市還很有些書卷氣。它以「書藏古今，港通天下」為口號，在歷史上還一直以人文薈萃見長。這裡不僅有過大批歷史上知名的學派和學者，到今天還有中國國內現存最古老的藏書樓「天一閣」。全木質結構的經典建築保國寺和中國古代著名的水利工程它山堰【注】也是寧波現在保存的歷史遺跡珍寶。

　　許多現在的上海人的祖輩都是寧波人，就連上海菜中也不時會冒出些寧波菜色。或許亦是因此，當上海告急之時，人們也不禁開始擔心起寧波的安危。事實上這裡並不比上海更安全。

　　過度且不合理地開採地下水，是寧波目前最大的威脅。初步估計，近幾十年持續的地面下沉就已經給寧波造成了累計達40億元的經濟損失。而即便是不考慮海平面上升，有關科學監測的結果就已經指出，如果寧波的地下水開採和回灌還不能做到同步，到2030年，寧波市區就有可能在海水漲潮時全部被淹。

　　可以預料的是，一旦海平面上升趨勢加劇，平均海拔在4公尺左右並不斷下陷的寧波必然不堪一擊。

---

【注】　它山堰：唐代在甬江的支流鄞江上修建的水利樞紐工程，名列中國古代四大水利工程之一，可與四川都江堰相媲美，1988年1月被中國國務院公布為全國重點文物保護對象。它山堰的主要作用為禦鹹蓄淡、飲水灌溉，在建成至今的千年中發揮了巨大的灌溉與生活供水作用，在中國的水利史上占有極為重要的地位。

## 順風順水難順海

　　河口三角洲、低窪的沿海平原，千年來一直順風順水的溫州也即將迎來海水大劫。

### 溫州

災難性質：海水淹沒
劫難程度：★★★★☆
行政歸屬：中國浙江省
總 面 積：11,784平方公里
總 人 口：917.5萬（2016年）
GDP比重：0.75%
建城時間：西元323年

溫州 WenZhou

　　溫州是個向來和順的地方，至少自唐高宗開始，「溫州」之名在至今的1,300多年中就從未改過，連區域範圍也沒有大變過。在眾城市中，這顯然是極其難得的。

　　與寧波一樣坐落於中國黃金海岸線中段的溫州，也擁有曲折的海岸線和形成天然良港的自然條件。同是浙江的三大經濟中心之一，溫州2009年GDP在浙江省內僅次杭州與寧波，已突破2,527億元，比2008年增長8.5％。

　　當然，溫州最出名的還是這裡孕育的強勢民營經濟。作為中國改革開放的前線陣地，溫州的民營經濟在過去數十年中已經創造了眾多的全國第一。如今，溫州已從中國走向了世界。

　　正是因為這些光環太過閃耀，以至於掩蓋了這裡不亞於其他旅遊城市的絕美風景，比如有「海上名山、寰中絕勝」美譽的雁蕩山，還有名列「中國十大最美海島」之一的南麂列島。這些青山綠水，無不為溫州欣欣向榮的經濟強市形象上添加著秀美的神韻。

　　但是，海平面上升的陰影卻悄悄伸向了這座歷史悠久卻充滿著現代活力與激情的城市。

　　溫州的地勢，由西南向東北呈梯形傾斜，西部有海拔1,611公尺的高山，東部卻幾乎全是低窪的沿海平原，這樣的地勢在海平面上升的大潮面前全無遮掩。如果按照國家海洋局在《2009年海平面公告》中的預測，未來30年浙江省附近的海域海平面上升99～140公釐，溫州就已需要萬分警惕這一數值對風暴潮災害的加劇作用。那麼當冰川融化，海平面上升1公尺甚至幾公尺的時候，溫州恐怕就要與它和順的歷史告別了。

## ◆ 結　語 ◆

　　這一長串中國城市，有的大名鼎鼎，有的飽經滄桑，有的風景獨好、世所罕見，有的安逸舒適、引人嚮往。只是，在持續上升的海水、頻頻發作的風暴潮與沙塵暴、乾旱等災害面前，它們的未來命運可能幾乎是一樣的，最終因全球變暖而消失或是毀滅，數億居民隨之離鄉背井。

　　而這一切，只不過全球變暖駭人影響力下的冰山一角，氣候的觸角將遍及整個世界。如果變暖的趨勢與速率無法改變，從亞洲近鄰到歐美強國，未來全球都將陷入紛繁複雜、焦頭爛額的局面之中。格溫・戴爾在《氣候戰爭》一書中所描述的那些資源爭端與區域矛盾，未來可能一一應驗……。

# 第三章 ｜ CHAPTER 3

## 世界歎息

2007年IPCC第四次報告指出，歐美、大洋洲、非洲和南美洲同
樣受到氣候變化的影響。氣候變暖已然成為當前最核心的國際
問題。經濟、人權，生存、發展，貧窮國家、發達國家，都被
捲入這個問題的漩渦——無人能置身事外。

# 氣候暖化沒有贏家

## 數字遊戲說不清經濟損失

最適宜居住城市溫哥華、文明古城雅典、四大金融都市的紐約和倫敦……這些人類社會發展的集大成者，如熠熠生輝的珍珠，鑲嵌在歐洲和北美的版圖上。關於這兩大區域，最值得一提的當然是財富地位。我們可從世界貿易組織對各國GDP總量的統計情況獲知一二：1970～2007年間，北美三國（美國、加拿大、墨西哥，以下同）GDP總量和西歐七國（英國、愛爾蘭、荷蘭、比利時、盧森堡、法國、摩洛哥）不分伯仲，大約每5～10年會和西歐互換世界冠亞軍寶座；相比東南亞、南美等其他區域，北美和歐洲常年保持遙遙領先的優勢。

隨著氣候變暖的惡劣影響，全面滲透到世界各國、各個領域，北美和歐洲要想在經濟領域繼續大幅領先，或保持一枝獨秀的局面，變數太多。

2007年，IPCC第四次報告指出，從2007年到2100年，全球平均海拔在10公尺以下的城市都「有可能面臨洪澇災害」。北美沿海和低窪城市如紐約、舊金山、紐奧良、邁阿密、溫哥華等，被列入危險名單；同時，「幾乎所有歐洲地區預期都會受到某些未來氣候變化的不利影響，並且這些變化將向許多經濟行業提出挑戰。」

這是一份堪稱最權威的災害預報。

不久，各國為應對氣候變暖而蒙受經濟損失的資料相繼出爐。經濟合作與發展組織【注】[以下簡稱經合組織（OECD）]的歷史可以追溯到二戰後重建歐洲經濟的馬歇爾計畫，其最初的宗旨一直延續到今天：促進成員國的持續經濟增長、就業以及生活水準的提高，同時保持財政的穩定，以此對世界經濟的發展作出貢獻；幫助成員國和其他國家在經濟發展進程中保

持健康的經濟增長步伐；在多邊、平等的基礎上促進世界貿易的發展。

　　因氣候變暖和海平面上升，預測美國將蒙受9萬億美元的經濟損失；歐盟委員會則認為，歐盟每年經濟損失將達650億歐元。一份同時對上述兩大區域作出損失預計的報告稱，氣候變化將最多造成一些國家在經濟上損失1/5。這可謂是一份輻射面最廣的損失報告。然而，這「1/5損失」似乎相對保守，美國馬里蘭大學的研究者認為氣候變暖引起的經濟損失，尤其是「隱藏的成本」，是不可估量的。

　　按照IPCC對海平面上升最保守的估計（從2007年到2100年上升59公分），我們再對比北美城市海拔圖，將大吃一驚！美國最大的10個港口裡面的6個（紐約、邁阿密、紐奧良、休斯頓、波士頓、舊金山）都將受到海升威脅；加拿大80％的海岸線都將因海平面上升而被淹沒，西部第一港口溫哥華處在危險之中。

　　以邁阿密為例，它是美國最南端的港口城市，屢受風暴潮引起的海岸洪水和強風破壞，也是OECD預測未來基礎設備遭破壞最大的城市。這項損失在2007年已達4,000億美元，到2070年將增長到3.5萬億美元。

　　最痛心的應該是紐約。海拔僅10公尺的城市，要應對上升59公分的海水，結局是不是如報告所稱的「將沉入海底」，我們不得而知。但是紐約

---

【注】　經濟合作與發展組織：簡稱經合組織（OECD），是由30個市場經濟國家組成的政府間國際經濟組織，旨在共同應對全球化帶來的經濟、社會和政府治理等方面的挑戰，並把握全球化帶來的機遇。目前經合組織共有34個成員國，它們是：澳大利亞、奧地利、比利時、加拿大、捷克、丹麥、芬蘭、法國、德國、希臘、匈牙利、冰島、愛爾蘭、義大利、日本、南韓、盧森堡、墨西哥、荷蘭、紐西蘭、挪威、波蘭、葡萄牙、斯洛伐克、西班牙、瑞典、瑞士、土耳其、英國、美國、智利、愛沙尼亞、以色列、斯洛維尼亞。經合組織提供了這樣一種機制：各國政府可以相互比較政策實踐，尋求共同問題的解決方案，甄別出良好的措施和協調的國內、國際政策。該機制以平等的的監督作為有效的激勵手段來促進政策的進步，執行的是「軟法」而非強制性的手段（比如OECD公司治理原則），有時也促成了正式的協議或條約。經合組織常被稱作「智囊團」、「監督機構」、「富人俱樂部」或「非學術性大學」。它具備上述所有特徵，但任何一種稱呼都不能完全概括經合組織的特點。

對美國近兩成的經濟貢獻，肯定要被上升的海水「咬」掉一大塊。紐約州保險業遍布沿海，因洪水所受的損失，肯定不是一個紐奧良市所能比擬的。後者在2005年「卡崔娜」颶風帶來的洪水中，保險業白白損失了250億美元。

對美國而言，邁阿密和紐約都是經濟領域的「驕子」，氣候變化對它們的破壞已經巨大；而對於那些沿海經濟實力不濟、基礎設施薄弱的城市，應對能力更弱，損失更大。美國因氣候變暖將承受多大的經濟損失？OECD對美國受災情況的推演結果是：當遭遇百年一遇的洪水，它將蒙受9萬億美元的損失。

9萬億美元，還只是美國遭遇百年一遇洪水的經濟損失。對美國而言，「氣候變化真正的經濟影響在於『隱藏的』成本」，馬里蘭大學的研究認為，「這一代價將是巨大的、全國性的和無法估算的。尤其是對於某些區域，損失更為慘重」。

如夏威夷未來20年中將增加20億美元，用於飲用水和廢水設施維護；阿拉斯加州則將多花50～100億美元，來應對更多的乾旱和森林大火事件對基礎設施的破壞；海水上升，將置加州數十億美元的基礎設施於險境之下。而美國加利福尼亞州就將因為乾旱，導致中部穀物地區損失60億美元的經濟。

上述隱藏性成本，只是我們獲知的一部分資料。

這些成本，僅僅是對世界第一經濟強國美國而言。照此推算，GDP比重只有美國6.9％的加拿大，以及還未躋身發達國家之列的墨西哥，因氣候變暖導致的經濟損失，該當如何？雖未獲得統計資料，答案已經明瞭。

當然，全球氣候變暖，北美困於上升的海平面、颶風等災害時，向來以兄弟情懷相稱的歐洲也難逃一劫。聯合國氣候專門小組曾指出，「到21世紀末，預估的海平面上升將影響人口眾多的海岸帶低窪地區，適應的成本總量至少可達GDP的5％～10％。」

　　一個最典型的例子就是，世界四大金融都市之一的倫敦，將拿出數十億美元應對氣候變化，其中包括加高防洪堤壩。在2004年過去的20年中，倫敦先後88次加高防洪堤壩應對上漲的泰晤士河水，預計在2030年前，它加高堤壩的頻率會達到30次/年，是目前頻率（4次/年）的7倍多。

　　水來土掩，並非所有城市都能效仿倫敦，比如威尼斯。比起50年前，威尼斯現在的常住人口減少了約2/3。那些見證歐洲崛起和文明復興的建築，將成為人類永恆的記憶。

　　而乾旱、沙漠化、森林火災，也將成為南歐各國的常客。綠色和平組織出具的一份報告中說，「氣候變暖正在惡化地中海國家森林火災的強度和災害面積。」這一預測已經得到事實的初步驗證。從1987～2007年間，葡萄牙森林火災以300％的速度遞增；地中海北岸、愛琴海畔的希臘，森林火災頻發，2007年夏天的那場大火堪稱歷史之最，媒體稱要恢復燒掉的森林面積，至少需要50年。未來，火災將繼續保持從南歐向北擴散的狀態。北歐國家森林覆蓋率高的俄羅斯將要做好經濟損失的準備。因為從1987～2007年間，該國森林大火的數量已經增加了10倍。

　　西班牙當地媒體曾戲稱，以後要享受靜謐沙漠的氛圍，無需到北非去，因為那裡的沙漠正跨過地中海向西班牙款款移來。這種戲謔的話正在演變為現實：西班牙90％以上的土地正處於高度危險中，部分地區土地沙漠化的比例更是達到100％。

　　如果9萬億美元是美國為氣候變暖承受的下限損失，那麼，歐洲也輕鬆不了多少。歐盟委員會認為，因氣候變暖和海平面上升，歐盟每年經濟損失達650億歐元。

　　災害正在發生，歐洲的應對能力如何呢？似乎並不樂觀。2007年，美國哥倫比亞大學國際地球科學資訊網路中心研究人員從「為氣候變化所作的準備程度」角度出發，對100個國家受氣候變暖影響的嚴重性，從強到弱進行排名。前20個國家中，有13個來自歐洲，超過歐洲整體國家的三成。

或許，在氣候挑戰步步逼近的當前，富庶歐洲只能自顧不暇了。

同樣自身難保的還有澳大利亞。生活在凱恩斯和昆士蘭東南地區的人們，一方面擔心家園被上漲的海水淹沒，另一方面還牽掛著他們的國寶無尾熊，因為乾旱引起森林大火頻發，無尾熊生存受到挑戰。該國科學家預測，未來幾十年中，澳全年高森林火險的天數將增加20％～30％。

真正無能為力的，還不在澳大利亞。

IPCC一份《2007：氣候變化影響、適應和脆弱性》的評估報告稱氣候變暖，將延長非洲南部的乾燥季節，未來降雨將更加無常。昔日妖嬈的里約熱內盧和布宜諾斯艾利斯，要眼睜睜看著肥沃的草場變身沙漠，同時要忍受洪水對生活家園的圍攻。

根據世界銀行的資料，海平面若上升1公尺，尼羅河三角洲的1/3將被吞沒……。

2050年之前，吐瓦魯就要舉國以「環境難民」的身分遷往紐西蘭，放棄自1978年國家獨立以來創造的所有財產：物質的，文化的，有形的，無形的……。

迄今為止，每年因氣候變化造成的經濟損失總計達1,250億美元，這一數字在2030年將增加2倍，達到3,400億美元——如果人類對氣候變暖無動於衷——這是受全球人道主義論壇委託編出的報告，可以說是人類因氣候變化影響最合理的估計。

如果估計成真，氣候變化對吐瓦魯、美國和歐洲各國的損失，豈止二成經濟？

## 魚與熊掌的選擇題

是的，氣候變暖帶給我們的，絕非經濟損失。

在生存線上掙扎的人們，將真正一無所有。在《人類影響報告：氣候

變化‧無聲危機的剖析》中有這樣一段話：「世界上的大多數人口沒有能力對付氣候變化的影響，而不受到具有潛在不可逆轉性的福祉損失和死亡危險。在一些最貧困的地區，這些受危險最嚴峻的人群超過5億人，它們非常容易受到氣候變化的影響——從撒哈拉到中東和中亞的半乾燥、乾燥地帶，撒哈拉以南的非洲地區、南亞和東南亞，以及較小的發展中島國，尤其如此。」

這群人，本不必受這些苦，因為起碼還有施以援手的發達國家。但將來，後者會因氣候變暖而自顧不暇。以美國而言，2004年，美國政府一份名為《氣候突變的情景及其對美國國家安全的意義》的報告就擺明立場：「美國將變得內向，將它的資源用來養活美國自己的人口，加強邊防，應付越來越多的全球緊張局面。」

以糧食為例，該報告更一針見血地說，「全球僅有的5～6個作物種植關鍵區（美國、澳大利亞、阿根廷、俄羅斯、中國和印度），在全球食品供應方面，沒有明顯的盈餘以補償某些地區因同時發生惡劣的天氣狀況所造成的減產。」

而這只是一方面，生存絕不只是糧食的問題。未來糧食、水、能源等的短缺被指是「災難性的」，並且「不可能在短時間內解決」。

因資源短缺導致的爭端，我們見得還少嗎？看看達佛的土地衝突、印巴搶水……。

加勒比難民流向美國東南部、到2030年將近10％的歐洲人移居他國、美國後裔將有1/4的西班牙血統，都已經開始成為科學家對不遠將來的一種預言。

援助和自保，成為魚與熊掌式的單選題。

## 一塊跳板，唯一機會

若定要做個選擇，相信聰明如斯的人類，斷難有個答案。

發展中國家及那麼多的貧窮地區，已經被氣候變暖逼至生存線的邊緣；已開發國家在自保的同時也必須考慮，下一個受難的是否就是自己。

工業革命以來的全球變暖，不再是單個國家的責任，更不是靠經濟就能買單的事情。亞非、拉美和小島國，因海水不斷鯨吞家園或將失去立身之地；歐美、大洋洲國家而言，也將為鞏固設施不得不投入巨額財物。

經濟損失也好、人員傷亡也罷，全球變暖已經跨越了單純的氣候、安全、政治等領域，用全球人道主義論壇主席科菲・安南的話來說，它成為「我們現時新興的最大人道主義挑戰」。對人類而言，這是至上的災難。

多排幾噸碳、多建幾幢房，即使爭得這些利益，又有什麼意義呢？再多的分歧和權力鬥爭，在應對氣候變化問題時，都應當退而其次。

70億人應當以氣候變暖為跳板，去創造一個更合作的世界。這是我們爭取生存機會的共同的機會，唯一的機會。

# 北美‧看得見的傷痕

## 美　國

### 紐約

災難性質：海水淹沒
劫難程度：★★★★☆
行政歸屬：美國紐約州
總 面 積：789平方公里
總 人 口：853.7萬（2016年）
GDP比重：15.6%（2015年數值：28,100億
　　　　　美元 /179,470億美元）
平均海拔：10公尺
建城時間：西元1624年

## 宿命2090

　　2007年，聯合國政府間氣候變化專門委員會（IPCC）公布第四次報告。該報告預測到2090年左右，北美過去百年一次的大洪水可能每隔3、4年就會降臨。它明確指出：面臨全球變暖導致的海平面上升威脅，人口超過500萬的紐約可能遭淹沒。

紐約 New York

　　對於紐約，有這樣一段話：「如果你愛一個人，你就應該將他送到紐約去，因為那裡是天堂；如果你恨一個人，你就應該把他送到紐約去，因為那裡是地獄。」這就是紐約，一半是魔鬼，一半是天使的地方。

　　無論是初到的人，還是久住紐約的，都會深深地感慨這個城市的繁華。從華爾街的大銅牛，到第五大道的豪華櫥窗，從上東區的高檔住宅，到時代廣場的各色霓虹燈光，在紐約的各個地方，你都能感覺到一種財富的湧動。

　　紐約的完美，還在於它把金錢和文化統一在了一起。紐約創造了百老匯的歌舞劇，紐約創造了SOHO藝術區，紐約創造了全美規模最大的私立紐約大學，眾多世界級博物館、畫廊和演藝比賽設場於此，使紐約成為西半球的文化及娛樂中心之一。而紐約的核心曼哈頓，堪稱世界金融的精華所在，這條長度僅540公尺的狹窄街道兩旁有2,900多家金融和外貿機構。著名的紐約證券交易所和美國證券交易所均設於此。聯合國總部等多個世界組織落戶於此。可以說，世界的財富，在這裡積澱，又從這裡開始新一輪滾動。

　　1998這一年，紐約慶祝了它的200歲生日。可惜好景不長，IPCC第四次報告預測說，到2090年左右，北美過去百年一遇的大洪水可能每隔3、4年就會降臨。其主要作者之一，國際環境與發展學院（英國）的麥克格蘭納罕，分析認為「一次強度為三級的颶風就可以使紐約附近的海平面上升8至10公尺，導致交通癱瘓，街道被淹，城市不能正常運轉」。

　　根據2009年底南極科學研究委員會（SCAR）最新的研究報告，全球氣候變暖不僅加速了南極洲和格陵蘭島的冰蓋融化，全球海平面上升速度也比原來預計的快兩倍。換句話說，在2100年，全球海平面將會上升1.4公尺。紐約將受影響，面臨被淹沒的威脅。

　　水淹美國財富和經濟實力象徵的華爾街、自由女神像沉入海底，「世界之都」香消玉殞，真的要對紐約說再見嗎……

## 夢工廠的噩夢

　　2009年底，美國加州土地委員會公布一份報告稱，截至2100年，加州海平面可能上升約1.4公尺，加州數以萬計的人和數十億美元的基礎設施及財富將會被置於險境之下。此外，加州大城洛杉磯還面臨強震衝擊。2007年聖安娜山地震後，美國《自然》雜誌發表文章稱，洛杉磯地區聖安德烈亞斯斷層的南半部分已經超過3個世紀沒有發生大地震，對20年來的資料研究發現，未來幾年內可能發生毀滅性地震。

### 洛杉磯

災難性質：強震重創、海水淹沒、
　　　　　風暴潮侵襲
劫難程度：★★★★☆
行政歸屬：美國加利福利亞州
總 面 積：1,214.9平方公里
總 人 口：404萬（2017年）
GDP比重：10%（2015年數值：18,300億
　　　　　美元/179,470億美元）
平均海拔：84公尺
建城時間：西元1850年

洛杉磯 Los Angeles

　　洛杉磯市，一個典型的美國西部海濱城市，坐落在三面環山、濱臨海的開闊盆地中。充分代表南加州海岸風情的洛杉磯市，在19世紀末20世紀初的交通完善和石油發現過程中，初次嶄露頭角，它敏銳地發掘出汽車工業的無限前景，終於在20世紀60年代大放異彩。一直到今天，它都是美國僅次於紐約的第二大城市、第二大金融中心，也是全球城市體系中一顆耀眼的明星。

　　可能普通人對於洛杉磯，最先認可的是它以好萊塢為代表的文化中心地位。每隔不了多久，這裡就會誕生一部大片，順著《亂世佳人》、《鐵達尼號》、《哈利波特》等票房號召力，再一次撩起世界觀眾的熱情。這裡，還滿足了有志挖掘娛樂獨家爆料的狗仔們的欲望，國際電影首映會或奧斯卡頒獎典禮，國際一線明星的豪宅，多在洛杉磯，因此也成就了這個城市的文化產業。

　　從城市居住形態來看，洛杉磯就是一群小COUNTRY（鄉村）的狂歡，除了市中心的長灘、好萊塢、聖莫尼卡、安那翰等之外，更多的是低密度住宅。

　　之所以出現這種「景觀」，與它的多地震條件不無關係。為了抗震，多數的房子都是兩層。

　　地震是洛杉磯歷史的重要組成部分，未來也不例外。地質記錄顯示，洛杉磯地區每隔150年會發生一次大規模地震，這是因為該地位於聖安德烈亞斯斷層【注】南端。

　　2006年6月，美國科學家在《自然》雜誌上發表文章指出，聖安德烈亞斯斷層的南半部分已經有超過3個世紀的時間沒有發生大地震。這篇文章

---

【注】　聖安德烈亞斯斷層（Sam Andreas Fault）：是位於太平洋板塊和北美洲板塊交界處、長共約1,050公里的斷層。該斷層橫跨美國加洲西部和南部、以及墨西哥的下加利福尼亞洲北部和東部，常常發地震。美國舊金山、洛杉磯，就處於該斷層附近。

同時指出，被認為目前最詳盡的研究，已經對20年來的資料資料進行了分析，結果發現，斷層壓力持續在加強，地震隨時可能發生。

更多科學家論證了這一點。2007年，俄羅斯科學院地球物理研究所大陸地震活動和地震危險性預測實驗室認為，洛杉磯地殼斷層內部運動在整個觀測史上已達高峰，這有可能成為在未來幾年內發生洛杉磯市的毀滅性地震的原因。在洛杉磯以北160公里的濱海地區的平原地帶，確實發現了地殼大裂縫。至於洛杉磯所在的聖安德烈亞斯斷層南部發生地震的可能性，美國加利福尼亞大學的研究組組長吉姆‧奧爾辛和科學家的預測一樣：8級地震的可能性為70％。至於結果，你我都可以想像，該斷層南部人口最為稠密的城市之一洛杉磯，最可能受難。比起1994年美國北嶺6.7級地震，已經造成72人死亡、250億美元損失的事實，未來洛杉磯地震的影響，可不止這個數目。

這還不算最壞的。

IPCC第四次報告提到，到了2080年，全球每年將有1億人受到由海平面上升產生的洪水的影響，其中就有深受海水上漲和災害性風暴潮影響的洛杉磯。

2009年底，美國加州土地委員會公布一份報告稱，截至2100年，加州海平面可能上升55英寸（約1.4公尺），加州數以萬計的人和數十億美元的基礎設施及財富將會被置於險境之下。該報告認為，僅未來40年內，加州境內城市將不堪其海岸上升16英寸（約0.4公尺）導致的海水氾濫之苦，而應對不及時的加州最大進出港——洛杉磯港，其地面設備及有毒廢物儲存站就將因上漲的海水受到嚴重影響。

這些，讓我們這些還未來得及踏足洛杉磯的外鄉人深感惋惜，未來尋訪迪士尼樂園的發源地，究竟要去水下觀摩，還是在地震紀念碑前尋找遺留痕跡呢？真的不敢去想。

## 舊金山

災難性質：海水淹沒、強震重創
劫難程度：★★★★☆
行政歸屬：美國加利福利亞州
總 面 積：600.7平方公里
總 人 口：87萬（2016年）
GDP比重：2.16 %（2015年數值：3,883
　　　　　億美元/179,470億美元）
平均海拔：19.2公尺
建城時間：西元1850年

# 這次，輸不起

如果有人在1906年4月8日的清晨5點12分從月亮上觀測地球，他會發現北加州一帶忽然輕輕甩動了幾秒，然後附近的海面猶如打水漂似的泛起了極輕微的漣漪。那一刻的震動被人類銘記為8.25級，它給舊金山帶來的創傷至今仍在，預測稱未來30年，一場芮氏7級大地震將再次光顧。無論未來地震「輻射」區域有多廣，舊金山都將萬劫不復，因為氣候變暖帶來的海平面上升，已經步步緊逼。

舊金山 San Francisco

　　華人骨子裡對「金山」的不懈情懷，成就了大洋彼岸的一座城市，那就是舊金山。

　　19世紀，加州淘金潮席捲全美，並吹到太平洋一側的中國，華人勞工成群結隊來此奮鬥，他們後來多居住於此，稱之為「金山」，直到在澳大利亞的墨爾本發現金礦後，為了與被稱作「新金山」的墨爾本區別，而改稱聖佛朗西斯科為「舊金山」。

　　與舊金山的中國情緣不斷的，不只城市的得名，還有1906年4月18日的一次大地震。那天，地面像雞蛋殼一樣裂開，又像海浪一樣起伏波動；2.8萬棟樓房和3,000人就在這輪波動中永遠失去了，還有22萬多人流離失所。災後六天，政府成立一個專門探討如何安置被毀華人社區的委員會，他們打算違背華人的意願，把他們挪出市中心。

　　結果令人意外，即將覆滅的大清帝國居然為它的海外子民撐腰，通過駐華盛頓的使節提出華人有權住在任何他們想住的地方，否則不只會破壞紫禁城與白宮的關係，還會影響跨太平洋的貿易。於是就有了留存至今的舊金山唐人街。

　　舊金山地震的百年祭（2006年）至今，舊金山仍然成為華人移民的摯愛，絲毫沒有上次地震的「後遺症」。然而專家們警告：2006年可能是下一次大地震的倒數計時開始，因為這一地震最活躍地帶的壓力積聚已達百年。預測未來30年，舊金山灣地區發生7級以上地震的可能性有60％以上，其中最有可能的地帶是在1906年地震後發現的與加利福尼亞海岸線平行的斷層帶，即聖安德烈亞斯斷層。

　　問題是，加州海灣地區的居民有沒有足夠重視科學家的預言？城市原有的百年前地震後形成的自然保護機制，現在正在逐漸減弱；即使新建的措施能減緩地震的危害，那面對地震之外的海水上漲呢？

　　2009年，設在美國加州奧克蘭的太平洋研究院發布了一份強調加州居民必須做好準備及應對洪水、侵蝕和其他由於海平面上升帶來影響的報

告，並在它的網站上登出了淹沒後的海岸地圖。根據地圖，我們看到舊金山的機場、舊金山港口以及舊金山灣地帶都在洪水淹沒的範圍之內。

現在，除了行動，人們想不起來還有什麼值得做。舊金山灣保護與發展委員會（BCDC）發起了一項應對海平面上升的國際設計競賽，就是為了以大眾的智慧，換取可能被淹土地的解救之道。

然而，同時面臨隨時可能發生的強烈地震，以及緩慢滲透的海水，這座700萬人生活的大城市，很難說有十足的信心。一旦災難再次發生，舊金山這次恐怕就輸不起了。

## 生命若僅餘90年

　　2009年，普林斯頓大學的羅伯特·柯普（Robert　Kopp）參與的一項研究指出，IPCC對2100年海平面上升1公尺的預測過於保守，正確的數字應該是1.4公尺。該報告直言：屆時，紐奧良將沉入海底。

### 紐奧良

災難性質：海水淹沒、颶風侵襲
劫難程度：★★★★☆
行政歸屬：美國路易斯安那州
總　面　積：906平方公里
總　人　口：39.15萬（2016年）
GDP比重：0.43%（2015年數值：784億美元/179,470億美元）
平均海拔：1.5公尺
建城時間：西元1718年

紐奧良 New Orleans

　　1718年，法國殖民者吉恩‧巴普堤斯在位於美國南部密西西比河口、墨西哥灣和龐恰特雷恩湖之間劃出一塊殖民地，就是今天的紐奧良——紐奧良市是美國路易斯安那州最大的城市，也是美國僅次於紐約的第二大港城。紐奧良全市面積近906平方公里，市區人口約39萬，大紐奧良區人口126萬。

　　作為美國南方的主要工業城市，紐奧良集中了路易斯安那州1/4的工廠企業。其主要支柱產業包括船運、旅遊業和產糖業等。紐奧良所在的路易斯安那州南部，是美國重點糖業生產基地，根據美國糖業聯盟資料，該地區包括600個糖類作物種植園，每年為美國國庫輸入5億美元的貢獻。紐奧良的港口條件為其船運業發展提供了極大方便：紐奧良港是僅次於紐約港的美國第二大港，年輸送量均在1億噸左右，居全國各港之首。

　　中低緯度、三面環水，造就了紐奧良的亞熱帶濕潤氣候，也為它奠定了旅遊之城的基礎。跨過市區北面的龐恰特雷恩湖，紐奧良修建了38公里長的雙道橋梁，據說是世界上第一長的高速公路橋，站在這座橋上，可觀賞大湖的綺麗風光。紐奧良老城「法國區」、哈拉斯賭場、城市公園、傑克遜廣場等都是較受歡迎的經典場所。據統計，在「卡崔娜」颶風之前，紐奧良旅遊業每年為經濟貢獻96億美元，其中約60億美元來自各種大型集會活動。

　　紐奧良的社會文化頗多亮點。該城極具音樂傳統，是爵士樂的誕生地。這種音樂從其第一故鄉非洲，經黑人移民帶入世界，並最終在紐奧良確立了正統地位。基於此，紐奧良原住民主要是黑人。據美國人口普查，紐奧良的人口總量中，黑人占了2/3。

　　密西西比河從紐奧良市流過，城市北面緊臨龐恰特雷恩湖，所以紐奧良市區內陸地與水面之比大約為3～2.5，平均海拔僅僅1.5公尺，不少地方低於海平面，每當河水水位上升的時候，就會出現遊艇在人們頭頂上駛過的奇景。一旦颶風來臨，整城就要經歷浩劫。

　　自建市以來，紐奧良水災不斷，最出名的當屬2005年8月的「卡崔娜」，這次颶風帶來的洪水淹沒了紐奧良80％以上的面積，六成以上建築「完全消失」，數千人死亡，僅奧爾良港經濟損失就達2.6億美元，整個地區的損失高達250億美元；此後2008年襲擊墨西哥灣的「古斯塔夫」颶風掃過紐奧良，極大影響其產糖業、航運運營，有專家測算那次損失也有數十億美元。

　　這些都不算什麼，真正的災難還在未來。早在2007年，美國多位頂尖科學家就預測，100年內全球海平面會上升1公尺，紐奧良首當其衝，將被淹沒在第一線。2009年，普林斯頓大學的羅伯特・柯普（Robert Kopp）參與的一項研究指出，IPCC對2100年海平面上升1公尺的預測過於保守，正確的數字應該是1.4公尺。該報告直言：屆時，紐奧良將沉入海底。

　　目前，由於地球變暖而不斷升高的水位已經讓居民開始擔心「水城」的戲言成真。如果海平面真的上漲如此快，歷經劫難尚未完全走出重建之路、海拔僅僅1.5公尺的紐奧良，無異於「滅頂之災」。

### 芝加哥

災難性質 ：洪水氾濫、龍捲風襲擊
劫難程度 ：★★★★★
行政歸屬 ：美國伊利諾州
總 面 積 ：606.2平方公里
總 人 口 ：270.5萬（2016年）
平均海拔 ：179公尺
建城時間 ：西元1837年

## 被束縛的
## 「美國動脈」

　　如果氣候持續變暖，令人難忘的百大景
點將不復存在。美國亞利桑那大學的學者依
據美國地質調查研究的資料，為美國各州沿
海地區描繪了海水淹沒的情景。其中，美國
「動脈」城市芝加哥榜上有名。

芝加哥 Chicago

　　1891年英國作家吉卜林來到芝加哥，他每到一處，都被這座城市的建築、交通、牲畜圈養場和純粹的市井之聲深深吸引。「我邂逅了一座城市——一座真正的城市」，他說，「人們叫它芝加哥。」21世紀的芝加哥仍然如此真實——只是它不再是全世界的豬肉店（芝加哥別稱豬肉之城），而是自巴比倫人建造空中花園以來世界上最好的公共園林。被譽為全球十大最富裕城市的芝加哥，其天際線是全球十大天際線之一，區內的摩天大樓之多，僅次於紐約，你更想不到的是，當今世界5座最高摩天樓有3座就在這裡。

　　身居芝加哥的人，最自豪的要屬芝加哥的交通運輸了。擁有美國最大的空運中心和鐵路樞紐，世界上最大的內陸港口，芝加哥贏得了「美國動脈」的殊榮。通過這條動脈，芝加哥將眾多第一輪往世界各地，比如1884年的溜冰鞋、1886年的國際勞動婦女節、1892年的高架鐵道、1893年的爆米花、1955年的麥當勞速食。

　　美國人民對芝加哥的厚愛，不亞於紐約，用美國作家諾曼·梅勒的話說：「它也許是美國碩果僅存的偉大城市。」如今，這個最具美國特質的城市，也遭受來自氣候變暖的威脅。

　　從地理位置看，美國有兩腎：五大湖和密西西比河。腎害怕的是積水。芝加哥就如同連接兩腎的門，一遇積水過多，就被淹。芝加哥氣候變幻無常，常有陣雨，歷史上的1885年，一場150公釐的降雨就讓芝加哥全城被淹。2008年的一次龍捲風攜帶暴雨，將芝加哥幾百公頃的玉米及其他穀物泡成爛泥，26人死亡。

　　根據IPCC發布的氣候研究報告，全球變暖導致的海平面上升，將使2/3以上的三角洲城市水漫金山，而芝加哥作為全美最重要的交通動脈、工業重鎮、金融駐地，外受密西西比河和五大湖水位影響，內有極端天氣的頻繁作怪，身處夾縫中的危機更重，一旦遇險，則將使全美運輸、工業比重大受掣肘。

## 別了，最後的處女地

1867年，美國花高價從俄國手上買下冰天雪地的阿拉斯加，創造了世界上交易面積最大的土地案。當初，美俄雙方都未曾料到，阿拉斯加有豐富的石油，還可以發展成為國際航運的樞紐之一，更想不到的是，專家說50年內它或將迎來一場9級地震，鑒於科學家認為，氣候暖化是地震的催化劑之一，我們可以認為阿拉斯加也是本書討論的受害者之一。

### 阿拉斯加

災難性質：強震傾城
劫難程度：★★★★★
行政歸屬：美國
總　面　積：1,717,854平方公里
總　人　口：74.19萬（2016年）
平均海拔：3,060公尺
建城時間：西元1959年1月3日加入美國聯邦

阿拉斯加 Alaska

　　近一個半世紀前的阿拉斯加購地案，操盤手時任美國國務卿的威廉·西華德講了一句話：「現在我把它買下來，也許多少年以後，我們的子孫因為買到這塊地，而得到好處。」幾十年，這句話就應驗了。

　　300萬個湖泊的數量，造就了阿拉斯加的國家公園，也為此地贏得最後處女地的封號。除石油外，天然氣、金、銀、鉛、鋅、煤礦，以及林業蘊藏量均屬世界級，加之位於亞洲與北美大陸航線上，航空的開放天空政策，阿拉斯加成為亞洲國家最理想的資源來源。

　　就是這樣一座於美國而言，在經濟、國防方面都相當重要的城市，卻面臨著強震的危機。

　　阿拉斯加位於環太平洋火山地震帶上，地震頻發，幾乎每年都有一次7級地震，每14年都有一次8級或以上級別的地震。1957年、1964年和1965年的三次大地震分別在「人類歷史上發生的八大最強烈地震」中名列第二、第三和第六位，也是北半球發生的最大的三次地震。2009年5月連續發生20多起地震。

　　中國、加拿大和澳大利亞的一些地質專家普遍認為，氣候變暖導致了地震發生頻率的增加。其中，加拿大地質學家這樣解釋：南北兩極存在的冰帽，等於一種施加在地殼上的力，壓制住地震、火山和海嘯（海洋下的地震）的發生。隨著氣候持續變暖，冰帽消融，地殼感受到的壓力變小，阻擋地震等災害發生的壓力變小。

　　目前，美國地質勘探局預測，50年內，阿拉斯加州或有一場9級地震發生。這次被預測到的地震，其惡劣影響，將不會亞於2010年2月發生在智利的8.8級地震。據美國NASA噴氣推進實驗室的地球物理學家理查·格洛斯通過演算發現，智利地震讓地軸移動了8公分，這使一天的時間縮短了1.26微秒。同時靠近智利第二大城市康塞普西翁的聖瑪麗亞島，在地震後升高了2公尺。這次地震造成的經濟損失達300億美元。

　　假如50年內阿拉斯加發生9級地震成真，到時摧毀的不僅是通信、工業

設備，更不僅是300億美元。阿拉斯基在美國的國防、航空地位，都經不起
這次超強地震的襲擊。

## 西雅圖

災難性質 ：海水淹沒、強震傾城
劫難程度 ：★★★★☆
行政歸屬 ：美國華盛頓州
總 面 積 ：369.2平方公里
總 人 口 ：70.44萬（2016年）
建城時間 ：西元1869年

# 或將真成「別過來」

　　生活在潮濕多雨的太平洋西北地方的居民可能認為，地震是加利福尼亞州必須擔心的問題，自己根本無需為此擔心。但是，專家的話卻讓他們驚出一身冷汗：2030年內，將有一次9級強震在這裡發生。並且，海水上漲，也對城市發展構成挑戰。

西雅圖 Seattle

　　說起西雅圖，很難不掉進俗套，要麼是「西雅圖夜未眠」，要麼是這個城市有多麼新雅。事實如此，這是一座被浪漫包圍的現代城市。

　　在西雅圖最浪漫的事，就是偷偷溜進一座活火山的火山口去玩。這裡有世界著名的活火山——聖海倫火山【注】，從前它有一座美麗的白雪覆蓋的山峰。1980年5月，它用十幾分鐘就熔毀了自己身體的一部分：1,312英尺的山頂和北坡大部分地區都被熔毀，留下了巨大的漏洞，足以容納一座城市。1982年，人們修建了聖海倫國家歷史紀念碑。現在，你不但可以徒步遊覽，還能趁勢溜進火山口看看。

　　雖然西雅圖所在的美洲西北部地區坐落在主斷層的上方，地震不會時常光顧，但歷史告訴我們不可掉以輕心：1700年，這裡發生過芮氏9.2級的地震。2001年的6.8級地震就發生在西雅圖地下30英里，造成20億美元的損失。根據地質記錄，這一區域大約每隔500年就會發生一場毀滅性大地震。2001年時，西雅圖曾發生芮氏6.8級地震，因震央在地下30英里，造成的損失達20億美元。

　　那麼，西雅圖對可能發生的9級地震的準備工作進展如何？顯然沒有同一地區的舊金山和洛杉磯充足。如此，就更別提有無信心應對其他更多的天災了，比如海平面上升。昔日臨海帶來的種種好處，滋生了西雅圖不同於一般城市的自信：美麗的自然風光、休閒娛樂旅遊條件、優質飲水以及可再生能源。也正因為此，西雅圖市民對氣候變暖的負面影響更為敏感。夏季乾旱、冬季水澇、海水上漲等各種氣候變暖的負面效應，對西雅圖的城市發展會構成挑戰。

　　當海水上漲伴隨著超強地震來襲時，再憶起印第安人當初將城市命為西雅圖，意思是「別過來」時，是不是很覺惋惜？

---

【注】　聖海倫火山：是一座以18世紀英國外交官聖海倫勳爵命名的活火山，位於美國華盛頓州。該火山是包含160多個活火山的環太平洋火山帶的一部分，因火山灰噴發和火山碎屑流而聞名。自1980年最出名的一次爆發後，形成目前的容貌。

## 邁阿密

災難性質：海水淹沒、颶風襲擊
劫難程度：★★★★☆
行政歸屬：美國佛羅里達州
總 面 積：55.27平方公里
總 人 口：45.36萬（2016年）
GDP比重：1.6%
平均海拔：0.9144公尺
建城時間：西元1896年

# 滅頂之災

　　IPCC在2007時公布報告稱，2100年全球海平面將上升18～59公分；同年9月，美國亞利桑那州大學科學家預測實際情況將更糟，並提供新的上升資料：1公尺。在此背景下，美國媒體援引科學家對邁阿密命運的分析，竟然是「滅頂之災」。

邁阿密 Miami

　　漏斗狀的邁阿密市，擁有45萬人口，是南佛羅里達州都市圈中最大的城市，並於2007年躋身全美第四大城市。

　　站在國際前線，邁阿密在金融、旅遊、娛樂業大展宏圖。微軟、思科、迪士尼、聯邦快遞、甲骨文公司和索尼等跨國公司設總部設於此，與世界100餘家本國和外國銀行同台建設邁阿密這座「中南美貿易金融之都」。當然，相比紐約的金融一條街──華爾街，這點資本不算什麼，但邁阿密的白色沙灘、亞熱帶風情，絕對受全美沿海城市驚妒。

　　走在邁阿密灘柔軟的沙灘上，視野時可流連於白色的沙，時可眺望被夕陽染紅的海波一線。累了不如去南海灘的藝術裝飾夜總會，這裡號稱世界上最迷人的地方之一，或者就在20餘公里長的海灘浴場上，尋找一處棕櫚樹下的遮陽地，曬曬日光浴、吹吹海風，與隨處可見的老人閒談聚會。這裡的老人絕對是其他城市少見的「多」，美國本土退休人士青睞它的氣候溫潤，將終老之地選在這裡，譜寫了邁阿密「等候上帝召喚之室」的含情脈脈。

　　每年超過1,100多萬人次的旅遊大軍，不僅豐富了城市的風景，也直接奠定了邁阿密的「國際遊輪之都」的聲名。邁阿密擁有12個超級郵輪碼頭大廈和2公里長的停泊位，每年接待遊客500萬人次以上，提供了34.5萬個就業機會，僅郵輪和貨物轉口就給邁阿密每年帶來超過140億美金的收入。

　　據守佛羅里達州的最南端，邁阿密得意於自己得天獨厚的海洋資源，殊不知它們給城市帶來如潮的遊人同時，也為颶風形成創造條件。眾所周知，颶風是一個巨大的熱力發動機，溫暖海水蒸發的蒸汽碰到風暴之後便濃縮、冷卻，釋放大量的能量，為颶風提供動力。身處比斯坎灣、佛羅里達大沼澤地和大西洋之間，夏秋季節的邁阿密，最易於形成颶風，是被統計出的最有可能遭受颶風襲擊的城市。美國歷史上損失最大的一次自然災害，就是1992年8月襲擊邁阿密的「安德魯」颶風。

　　未來，造訪邁阿密的颶風會更頻繁嗎？還有無其他城市之害？IPCC第

四次報告（2007）報告明確指出，全球變暖將導致氣候災害更加普遍：熱帶風暴（颱風、颶風）將更頻繁、更猛烈光顧；海平面上升，將使沿海城市常受洪澇之苦。

那麼結果會怎樣？2007年的一系列資料，似乎都在佐證新加坡《聯合早報》對邁阿密在百年之內面臨淹沒危險的報導。

根據IPCC的這份報告，到2100年時，全球海平面將上升18～59公分；這年9月，美國亞利桑那州大學科學家分析認為實際情況更為嚴重，預計海平面上升1公尺。在這種情況下，多位元頂尖科學家稱邁阿密會遭遇「滅頂之災」。

這不是聳人聽聞。按照2008年聯合國人類住區規劃署對海升威脅全球城市的評估標準，低海拔（海拔10公尺以下）的城市都將受到海平面上升的影響。照此推算，只有3英尺（約為0.9144公尺）平均海拔，最高地不超過4.515英尺（約為1.376公尺）的邁阿密，在上升1公尺的海水面前，其危險程度，不用再說。

洪水和颶風會破壞漂亮海灘的風景，遊輪不能出海。這無異於對邁阿密支柱產業——旅遊——來了一次釜底抽薪的破壞。2007年，經濟合作與發展組織（OECD）根據IPCC第四次報告對2070年全球海平面上升50公分的預測，公布了一份全球變暖導致的130個受洪災影響的港口城市。其中情況最嚴重的是邁阿密，預計經濟損失為3.5萬億美元。

如果一切發生，我們不能再鎮定地自語：別怕，這只是電影。因為，一切都在朝科學家們預言的那樣發生著……。

# 加拿大

## 溫哥華

災難性質 ：海水淹沒、地震
劫難程度 ：★★★★☆
行政歸屬 ：加拿大英屬哥倫比亞省
總 面 積 ：115平方公里
總 人 口 ：63.1萬（2016年）
GDP比重 ：13.0 ％（2009年數值：1,744
　　　　　億美元/13,394.74億美元）
建城時間 ：西元1886年

## 夢碎「宜居家園」

　　2010年3月初，科學家預測北美洲西北海岸未來50年裡爆發芮氏9級的超強地震的幾率為80％，加拿大主要港市溫哥華將深受其害。致力於氣候變化和海平面上升影響的維多利亞大學教授沃克曾公開稱，加拿大80％的海岸線都將因海平面上升而被淹沒。

溫哥華 Vancouver

　　溫哥華，這個多次被聯合國評為最適宜人類居住的城市，因紀念白人船長喬治·溫哥華尋找西北通路來此地的貢獻而得名，也因得天獨厚的地理條件、耀眼的紅楓，吸引世界各地人前往紮根。溫哥華位於加拿大西岸入口處，不僅背靠洛磯山面向太平洋，還臨美、加邊界。目前，在大溫哥華地區面積2,700平方公里的土地上，生活著兩百多萬人，其中亞裔占43％以上。

　　坐擁加拿大第三大城、加拿大西岸最大港口的美名，溫哥華的工業著實為加拿大經濟交上滿意的成績單。除基礎工業如木材、礦產外，溫哥華經濟的重中之重當屬其深水不凍良港。把守聯繫亞洲的最佳航線，溫哥華當仁不讓地成為加拿大通往東方的「太平洋門戶」。從19世紀末開通溫哥華與上海的航線，絲綢、茶葉、瓷器和木材經此運送，到目前的溫滬之間全國40％以上的穀物經此中轉、出口，溫哥華港僅小麥的年出口量就高達800多萬噸，成為名副其實的世界最大小麥出口港。

　　經年發展，溫哥華港已是加拿大最大的多用途綜合性港口，也是南北美洲太平洋沿岸最大的港口，其貨物年輸送量有5,000萬噸以上，每年與世界上90多個國家或地區，進行著290億美元以上的貨物貿易。溫哥華港口為加拿大國內提供了62,000個工作崗位，國民生產總值（GDP）高達到16億美元。

　　穩固的經濟基礎，外加優良的自然環境，溫哥華魅力四射，吸引了旅行者和移民族的注意。置身繁華大街，又能與自然親近，溫哥華就能提供這種生活，最近幾年的聯合國調查顯示，溫哥華是一個富裕的綠色住宅城市，沿海岸線而築的街道極富特色，市內設計集中，走在其中，感覺清爽放鬆。對於旅遊者就像當地居民一樣，溫哥華首先是個空氣新鮮的城市，卓越的生活品質令人稱歎，盛行帆船、垂釣、遠足、滑雪運動。全球最大的城市公園「史丹利公園」、加拿大最長的橋梁「獅門大橋」，以及一年一度的加拿大國際博覽會、溫哥華藝術節等，也是享受生活派的摯愛。

　　現代都市文明和自然美景的完美結合，無論在東西方國家中，都堪稱楷模。34萬華人構建的溫哥華唐人區，就是繼舊金山之後、北美最大的唐人街。

　　就在人們被溫哥華的美景、人文感動，對移民該城蠢蠢欲動時，溫哥華未來遭受9級地震的消息相當於臨頭一盆冷水。事實上溫哥華和智利一樣，地處北美洲西北海岸長度超過1,000公里的卡斯卡迪亞斷裂帶上。大約每500～600年該地塊就會發生一次大地震，上一次地震是在1700年，當時一場芮氏9級的超級大地震激起了30～40英尺（約合9～12公尺）高的巨浪，就連對岸的日本沿海村莊都遭到破壞。

　　更令人驚懼的是，2010年，美國俄勒岡州立大學教授戈德芬格則表示，在未來50年裡該地塊發生超強地震的幾率是80％。一旦爆發，美國加州、西雅圖、波特蘭和加拿大溫哥華將深受其害。有科學家利用電腦類比9級地震的情景，發現震動將持續2～5分鐘，屆時從加拿大英屬哥倫比亞省到美國北卡羅來納州，那些承受品質欠佳的建築將無一倖免，高速公路和橋梁全線崩塌。地震還將在短時間內引發強烈海嘯，當巨浪湧向海岸的時刻，地勢低窪的海濱城市難逃被淹的命運。

　　如果幸運，溫哥華能夠逃過地震這一劫難，那麼氣候變暖導致的海平面上升對於溫哥華則是必須面對的更大難題。

　　致力於氣候變化和海平面上升影響的維多利亞大學教授沃克曾公開稱，加拿大80％的海岸線都將因海平面上升而被淹沒，「為冬季奧會提供服務的機場也是如此」，而這個機場就是指溫哥華國際機場，他之所以得出這個結論，是將不斷上升的海平面、頻繁的暴風雨、持續的弗雷澤河洪水氾濫和導致地面下陷的商業發展等等這些因素綜合起來得出的。

　　強震和海水淹沒，只要兌現一樣，加拿大對外貿易最為倚重的溫哥華港將極有可能受到重創，而世人，對「宜居家園」最崇高的嚮往將破滅。

# 歐洲・危險的氣候蹺蹺板

## 英　國

## 水嘯霧都

　　2007年，IPCC預測全球平均地表溫度在未來100年將上升1.4～5.8℃。如果實際增溫幅度真的達到或超過5.8℃的上限，格陵蘭冰蓋很可能全部融化，讓全球平均海平面上升6～7公尺。兩年後，南極研究科學委員會（SCAR）發表一份報告，預測稱海平面上升將使部分城市被海水完全淹沒，倫敦等靠近港口的國際大都市將花費數10億美元加固堤岸，預防海水侵襲。

### 倫敦

災難性質　：海水淹沒
劫難程度　：★★★★★
行政歸屬　：英國首都
總　面　積：1,572平方公里
總　人　口：878.8萬（2016年）
GDP比重　：22.6%（2016年數值：5,187億美元/22,900億美元）
平均海拔　：24公尺
建城時間　：2,000多年前

倫敦 London

　　倫敦，這個與紐約、巴黎和東京並稱為世界四大都市的城市，揚名古今。自18世紀以來，它一直是歐洲的首要金融中心；在英國，倫敦被視為能給英國經濟不斷生出金蛋的鵝，因而享受著慷慨的稅收優惠待遇以及蜻蜓點水式的「風險」監管機制；在布魯塞爾，倫敦已成為歐盟機構在加速實現跨境市場一體化方面一個不折不扣的盟友。

　　風光無限的倫敦，之所以有現在的成就，港口和旅遊產業的貢獻舉足輕重。

　　倫敦作為港口利用，早在西元50年羅馬入侵者建鎮之初就開始了。倫敦港位於英國東南沿海泰晤士河下游南北兩岸，水資源豐富，順理成章成為整個英屬群島的物資集散地，而且扼居大西洋航道的要衝，是連接西歐與北美洲的橋梁。自16世紀開始就顯現了國際大港風範，19世紀成為世界航運中心、北美和東亞的樞紐。目前倫敦港同世界上100多個國家和地區的港口有往來，歷史上年貨物輸送量曾達8,000萬噸。

　　去倫敦旅行，不可錯過的有聖保羅大教堂。這是在17世紀的一場大火後，重建倫敦過程中建起來的，已經成為多災多難的倫敦屢經重建的縮影，是英國人民的精神支柱。圍繞聖保羅大教堂的故事很多：它是世界第二大圓頂教堂，巴洛克風格建築代表，其設計就花了45年心血。這裡，曾經舉辦過英國王子查理斯的婚禮，這裡有歐洲最大的地下室，有英國海軍上將納爾遜的墳墓，有1815年打敗拿破崙的威靈頓將軍的墓室。

　　同樣，坐落在泰晤士河畔的大笨鐘，巨大而華麗，堪稱倫敦市的標誌及英國的象徵。從1859年為倫敦城報時，至今過去一個半世紀，大笨鐘的聲音仍然清晰、動聽地發揮著功能。作為文明的一個支點，倫敦誕生了目前世界上最通用的語言——英語，這裡的學校和社區都是遊客們津津樂道的話題。

　　如果你貪戀這些美景，別忘了帶上雨傘去倫敦。受北大西洋暖流和西風影響，倫敦空氣濕潤，多雨霧，陣雨隨時可能襲擊你，秋冬尤甚。加

之倫敦處於盆地中央，四面為丘陵，遇水則積。2007年夏，強降雨持續多日，英國遭遇60年來最嚴重的洪澇災害，其兩大河流泰晤士河和塞文河水位暴漲，超過了1947年以來的最高水位記錄，哈特福、林肯、牛津等7個郡災情嚴重，造成50萬人被困，1萬多棟房屋被毀。

暴風雨肆虐，這一氣候災害的頻率還有增快的趨勢。聯合國負責人道主義事務的副秘書長霍爾姆斯指出，氣候變化加劇了自然災害的發生，過去近30年來發生的自然災害90％與氣候變化有關。科學家研究在地球持續變暖的情況下，強對流天氣和較大的暴風雨會出現得越來越頻繁。

全球變暖，還將使倫敦周圍的海域水位升高。2007年，IPCC第四次報告預測未來100年，全球平均地表溫度將上升1.4～5.8℃。一旦實際增溫幅度達到或超過5.8℃的上限，格陵蘭冰蓋很可能全部融化，全球平均海平面將上升6～7公尺。

要對抗上升的海平面，英國不得不加高防洪堤壩。據英國官方2004年公布的統計資料，在過去的20年中，由於泰晤士河的水位隨全球變暖而升高，當地政府機構不得不先後88次加高防洪堤壩，以保障倫敦人的生命財產安全。據有關方面估計，在2030年以前，倫敦加高堤壩的頻率會達到30次/年，是目前水準（4次/年）的7倍多。

與此同時，倫敦為抵抗洪水而加固堤壩的投入也會相應增加。2009年，南極研究科學委員會（SCAR）發表一份報告，預測稱倫敦將要拿出數10億美元來完成加固堤岸的工作。

堤壩加固後，能否完全抵抗海水入侵，我們尚難定論，如果海升外加暴風雨肆虐，破壞倫敦花大錢鞏固的堤壩防線，後果將難以想像。如果倫敦進水，不僅是對世界金融中心的挑戰，也是對歐洲文明的直接傷害。

## 蘇格蘭的驕傲終點站

　　科學家警告稱，如全球變暖趨勢得不到控制，海島之國英國將會受到威脅，其中目前半數的英國人所居住的地區將被海水淹沒。世界文化遺產愛丁堡也可能成為水下之城。

**愛丁堡**

災難性質：海水淹沒
劫難程度：★★★★★
行政歸屬：英國蘇格
總 面 積：264平方公里
總 人 口：49萬（2015年）
平均海拔：35公尺
建城時間：7世紀得名

愛丁堡 Edinburgh

　　說到「北方雅典」，你可能不明白，但一條格子裙、一支風笛、一杯麥芽威士忌，你定知道這是在說愛丁堡。對當地居民來說，要保持這樣的驕傲，遭遇了艱難──海平面若持續上升，被聯合國列為世界文化遺產的愛丁堡，將沉沒於水下。

　　看似貌不驚人的一座小城，一直以來支撐著全蘇格蘭的力量。在英格蘭和蘇格蘭之間征戰、聯姻的漫長歷史中，愛丁堡總是扮演主要角色。坐落在死火山口上的愛丁堡城堡，絕對是這個城市最偉大的傳奇。站在城堡上，俯瞰全城，胸中大可領略皇室視察天下的豪情。

　　如果把這個玲瓏的城市稍加變形，會發現它是一個盾形徽章，固守著蘇格蘭十幾個世紀以來的傳統，比如愛丁堡男人身上那絢麗多彩的格子裙，它已經從日常服裝演化到節日、文化的象徵；又比如蘇格蘭威士忌，那種醇美的麥芽味道，漂洋過海來到東亞、北美、大洋洲，並由此奠定了世界上最大威士忌產區的地位。

　　找遍全世界，能把傳統延續得如此完整的城市，屈指可數。可惜愛丁堡人想延續自己的驕傲，卻遇到了很大的難題。2005年6月底，英國媒體引用科學家的話，稱全球變暖引起的海水上漲，目前半數的英國人居住的地區將被淹沒。

　　在該報導中，同時被引用的還有一位英國大學的研究人員的觀點，他稱除非溫室效應得到有效控制，否則全球主要的冰蓋全部融化，將引起海平面上升84公尺的後果。該人員表示，屆時不僅倫敦和曼徹斯特會被海水淹沒，愛丁堡也會成為水中之城。

　　當然，我們希望永遠看不到這一天，但不能不做最壞的打算。如果放任氣候變暖的趨勢，上述研究人員的話就有可能成真。一旦如此，我們將失去英國王室血統的源頭之一──蘇格蘭，也將失去延續1,400年以上的風笛和蘇格蘭裙的傳統，更重要的是，被聯合國列為世界文化遺產的愛丁堡城堡，可能將與我們告別，這種心情，恐怕只有正在沉沒中的威尼斯人能理解。

# 義大利

## 威尼斯

災難性質：海水淹沒、地面沉陷
劫難程度：★★★★★
行政歸屬：義大利威尼托大區
總 面 積：414.57平方公里
總 人 口：5.5萬（2016年）
GDP比重：1.6%（2005年數據：223億
　　　　　歐元/1.5萬億美元）
平均海拔：海平面以下1.5公尺
建城時間：西元453年

# 重逢，恍如隔世

　　誕生過旅行家馬可波羅、文藝復興運動的威尼斯，終將把承載古典建築、文藝思想和曼妙景色的城市，埋藏在洶湧的海水之下。歎惋之餘，專家告訴我們，這一美麗事物的終結時間：不會超過2050年。

威尼斯 Venice

　　有「水都」之稱的威尼斯，是旅遊達人都垂涎的去處。穿過亞得里亞海，進入義大利東北部，就能看見威尼斯躺在眼前，俯瞰起來形如一隻海豚。如果邁阿密是汽車之城的話，那麼威尼斯就是唯一與汽車絕緣的城市，開門見水，出門乘舟，在1,500多年的歷史中，這一傳統完好無損地保留到21世紀，不能不說是個奇蹟。

　　威尼斯幾經失落，仍完整地保留著創城之初的繁榮和優雅。相傳威尼斯的歷史開始於453年，有著1,000多年的共和國履歷，至拿破崙時期後才淪落成義大利的一個地區。如今，沒有任何一個城市，能像威尼斯這樣對城市資源舉重若輕：展望414平方公里的土地，每一處都能吸引遊客。

　　聖‧馬可廣場既是威尼斯市的中心，也是遊人集中之處。廣場號稱是世界最大的無頂大理石客廳，被遊客們公認為世界上最美麗的廣場之一。與大廣場同名的聖‧馬可教堂建於西元829年，是為紀念耶穌的門徒「馬可福音」的撰寫人馬可而興建的，故廣場與教堂均以馬可之名命名。這座大教堂集中了拜占庭、哥德、羅馬和文藝復興各時期的建築風格，仍顯和諧協調，充分展現了建築師的聰睿和才華。建成十多個世紀以來，教堂北面的馬可鐘樓仍在發揮作用，每逢12點報時，鐘旁手握大錘的塑像就會舉錘敲鐘，驚起廣場覓食的鴿群，翩翩起舞，勢若垂天之雲，極為壯觀。據說大教堂內的牆壁，採用的是大理石和黃金點綴的鑲嵌畫，閃閃發光，金碧輝煌，顯示了威尼斯當年的富豪。

　　管中窺豹，可見一斑。聖‧馬可教堂僅僅是威尼斯建築的一個標誌，與之相近的歷史與文化代表，又何止一處。毀於火中又重生的鳳凰歌劇院、美得令人窒息的回廊、大師安東尼奧尼電影中最美的段落背景，都能在威尼斯找到蹤跡。

　　威尼斯的旅遊經濟和城市風貌得益於水，未來也可能全毀在它手上，似乎應證了中國一句古話：「成也蕭何，敗也蕭何」。威尼斯本身的海拔很低，很多地方又都處在入海口處，或是海邊的交互地帶。只要海平面上

升，海水自然就會湧入城中。1966年11月，特大洪水使水位創紀錄地上升兩公尺多，全城一片汪洋；2009年12月，聖馬可廣場的水深達80多公分，居民苦不堪言。全球氣候變暖導致的海平面上升，城市被淹，生活被毀，已經讓這裡的人民習以為常。美國工程院院士、麻省理工學院（MIT）土木與環境工程系教授梅強中統計出，「現在威尼斯差不多平均每個星期都要被淹一次。」更多人選擇了逃離，從1966年至今，威尼斯的人口從12.7萬人已經減少到6.5萬人。

全球海平面並不會因為威尼斯的妥協而放緩上升的腳步，專家預測洪水侵襲威尼斯的頻率還會加快，並最終於20～30年後淹沒全城。平日的威尼斯，在曾到訪威尼斯的中國地質環境檢測院工程師何慶成眼裡，是一派斯文，但在每年水淹的季節，狼狽不堪，尤其是「遇到雨水豐腴的年頭，幾乎是每週被淹一次」，在他看來，「大概在20～30年後，最遲也就是50年，威尼斯就會消失不見。」

事實上，這一估計仍顯得保守，海水侵襲而外，地面沉降加劇了威尼斯的消亡。威尼斯處在軟土上，地層鬆散，自然壓縮的過程會使城市緩慢下沉。而二戰後的工農業發展，大量開採地下水，加速了軟土層壓縮的進程，這一後果的直接體現就是高地消失。加上常年的水患不斷沖蝕威尼斯城的地基，地層每年下沉0.5公分。過去1,000年裡威尼斯一直在下沉，近幾個世紀沉降速度加快。僅在過去20年內，威尼斯的地層就下沉了30多公分，威尼斯人生活的中心——聖馬可廣場目前只高於警戒水位30公分。

地面下沉，使海平面上升的速度相對更快，毀滅性更大。遺憾的是，行動也已經來不及了。威尼斯政府花鉅資修建的禦水工程——「摩西工程」【注】，在應對越來越兇猛的洪水也顯得力不從心了。

如果威尼斯消失，屆時，我們只能穿上潛水服，到海底去看看，千百年前文藝大師留給我們的瑰寶是不是還存活著了。

【注】 摩西工程：2004年，威尼斯政府花了35億歐元，在威尼斯的潟湖與亞得里亞海相連的出海口上建造活動閘門。閘門的一端固定在海床上，另一端不固定。平時，閘門隱藏在海面之下，一旦水位超過正常水位1.1公尺，則往閘門內注入空氣，升起閘門，阻斷洪水。

# 西班牙

## 馬德里

災難性質 ：荒漠化擴大、森林火災
劫難程度 ：★★★★☆
行政歸屬 ：西班牙首都
總 面 積 ：607平方公里
總 人 口 ：316.6萬（2016年）
GDP比重 ：11.2 ％（2009年數值：1,497億美
　　　　　元/13,381.15億美元）
平均海拔 ：670公尺
建城時間 ：西元1083年

## 「歐洲之門」
## 困死沙場

　　有歐盟區經濟增長龍頭之稱的馬德里，
國民生產總值保持著4％的增長，昂首歐洲
多國。21世紀初關於西班牙2050年會被荒
漠化的言論一出，馬德里戰慄了。

馬德里 Madrid

作為歐洲海拔最高首府，馬德里因扼守戰略位置，南下可與非洲大陸一水為限的直布羅陀海峽相通，北越庇里牛斯山可直抵歐洲腹地，在歷史上一度享有「歐洲之門」的便捷，也因此，馬德里的經濟實力同樣傲人。

馬德里保持著全國陸上交通樞紐的地位，輻射狀的鐵路將馬德里與國內其他城市和沿海地區聯繫起來，並有幾條連接法國和葡萄牙的國際鐵路。最讓馬德里驕傲的是，其人均收入在歐盟區域無出其右者，並在2006年人均購買力達到歐盟平均水準的136％。

要說馬德里的象徵，非西班牙廣場不可，中央屹立著作家賽凡提斯的紀念碑，其名著《唐吉訶德》中的主人公唐吉訶德騎士及其侍從桑丘的雕像就在紀念碑底下。

居住在馬德里的人是幸運的：每週都有政客、名流、經紀人、前球星抵達馬德里。之所以如此頻繁，除了皇家馬德里與世界足球千絲萬縷的關係外，還有就是這座城市的魅力。

居住在馬德里的人又何其不幸：氣候變化，加上旅遊業發展和開墾土地，西班牙1/3的國土已處於荒漠化的威脅之下。西班牙學者帕科・雷戈在其《世界將變成這樣》一文中這樣說：2050年西班牙將變成沙漠。言下之意，馬德里也難逃一劫了。

對於學者的這個預測，雖然需要時間來檢驗，但是導致馬德里荒漠化的因素正在客觀發生作用：氣候變暖引起的乾旱、森林火災頻率和危害升級，都是我們看得到的事實。2009年8月，綠色和平組織在馬德里發布最新的森林火災研究報告，指出氣候變化正在「火上澆油」，惡化地中海和南歐地區的森林火災強度及火災面積。馬德里的火災記錄也正在逐年刷新。

馬德里，這個為西班牙創造榮譽和威望的城市，這個吸引足球和鬥牛愛好者的激情之都，將永遠被我們銘記。因為未來，它或許就如當地報紙所言：只能欣賞靜謐的沙漠風景了。

## 巴塞隆納

災難性質：土地荒漠化
劫難程度：★★★★☆
行政歸屬：西班牙加泰羅尼亞自治區
總 面 積：101.9平方公里
總 人 口：160.9萬（2016年）
GDP比重：19.8%
平均海拔：7公尺
建城時間：西元1503年

# 歐洲之花的凋敝

　　被譽為「歐洲之花」的巴塞隆納，在工業革命史上頗有名氣，也因世界盃足球賽耀眼全球。如今，西班牙荒漠化愈演愈烈，有預測稱，2050年，它將成為熱帶乾旱地區，言下之意，未來巴塞隆納的檔案介紹上，將出現「沙漠」二字。

巴賽隆納 Barcelona

　　歷史厚重，賦予巴塞隆納2,000多年的故事。尤其是1832年建立蒸汽機紡織工業後，巴塞隆納一度成為全國最先進的工業城市。如今，它風頭正勁，殊榮大蓋首都馬德里。文人墨客們毫不吝惜地稱之為「歐洲之花」，大文學家賽凡提斯更是將它叫做「世界上最美麗的城市」。

　　可惜的是，不祥的預言開始向海灘滲透。巴塞隆納有3,000多萬公頃土地乾旱缺水，沒有糧食，西班牙陷入科學家所說的沙漠化。除極少數的地方（阿斯圖里亞斯、拉里奧哈和巴斯克地區）倖免於難，西班牙潛在可耕地的93％地區都將面臨災害。2008年4月份，在伊比利亞半島的大部分地區，這個季節特有的雲雨天氣已經讓位於沙塵，所到之處，連呼吸的空氣也被污染。

　　根據聯合國的報告，自從幾十年前撒哈拉沙漠開始從阿爾梅里亞登陸歐洲大陸以來，西班牙就是最乾旱貧瘠的歐盟國家。實際上，酷熱、缺雨和長期乾旱，使21世紀初關於西班牙在2080年將變成熱帶乾旱地區的預言一天天接近現實。不幸的是，當時的預言，那令人擔憂的未來提前到來了。2006年《氣候變化對歐洲的影響》報告所描述的可怕情景，今天以更恐怖的形式呈現。報告預測：伊比利亞半島將成為氣候變化影響的主要受害者，收成的大幅度減少迫使農民不得不改種基因作物。而素有「伊比利亞半島明珠」之稱的巴塞隆納，擁有了該半島上最好的陽光雨露、海岸位置，農業和旅遊都嚴重依賴原有的氣候條件。上述這一預測將嚴重影響巴塞隆納的信心。

　　氣候變化帶來的慘痛代價，不僅僅體現在農業和旅遊市場的減少。作為地中海沿岸最大的港口和最大的貨櫃集散碼頭，巴塞隆納港是全國最大的綜合性港口，年入港船隻為8,000艘（總噸位為4,000萬噸），年輸送量為2,000萬噸，進出口貿易占全國的40％以上。土地荒漠化，對巴塞隆納的經濟而言無疑是沉重一擊；對城市的建築和文化影響，則更是難以估量。

# 荷　蘭

### 阿姆斯特丹

災難性質：海水淹沒
劫難程度：★★★★★
行政歸屬：荷蘭首都
總 面 積：219.3平方公里
總 人 口：81.3萬（2016年）
GDP比重：21.2 %
平均海拔：2公尺
建城時間：西元1300年

## 漂浮的國土

　　2009年底，南極科學研究委員會研究報
告認為，至2100年，全球海平面將上升1.4
公尺，濱江沿海地區面臨大部被淹威脅。
而絕大部分土地位於海平面以下的阿姆斯
特丹，勢必難逃此劫。

阿姆斯特丹 Amsterdam

作為當前荷蘭第一大城市，阿姆斯特丹歷經了從漁村到國際化大都市的發展過程，經歷了輝煌與破壞，以及世界大戰的洗禮，從一定程度上講，它的歷史也是荷蘭歷史的一個縮影。

尋找阿姆斯特丹的發祥蹤跡，可以到中央車站附近的水壩廣場，它被稱為阿姆斯特丹的心臟。大約在1270年，北方臨海民族在這裡建村落、修堤防，開發出城市的雛形。整個20世紀60年代，這裡是全歐洲嬉皮匯集的地方，現在仍是。

就算對金融不感興趣的朋友也應該去看看阿姆斯特丹證交所，這個位於阿姆斯特丹肚臍——達姆廣場附近的機構，創建於荷蘭帝國時代的1602年，是世界上最古老的證券交易所。透過這家機構，能隱約看到一艘艘往來於波羅的海、北美洲和非洲的荷蘭商船，由此感受到17世紀處於黃金時代的阿姆斯特丹的國際影響力。

遊走在阿姆斯特丹，多達160條的運河將這個城市的水陸、城鄉緊密連接起來，浪漫、親切之感久久不去。

水上漂浮房屋是21世紀阿姆斯特丹最時髦的建築，引領了世界風潮。也許是由於面朝大海，大海賦予了這個民族驚人的寬容。從文藝復興時期就延續的自由思想，在面對水患的今天，阿姆斯特丹人充分發揮他們的能動性，設計出了能像船隻一樣漂浮在水面上，生活便捷的房屋，既應景又實用。

細數阿姆斯特丹的輝煌過往，從最早「海上馬車夫」的金融和商業中心，到文藝復興晚期歐洲書籍印刷業中心，再到19世紀著名印象派畫家梵谷的早期居住地，我們可以看到自由精神一直在這些建築裡延續。老城區、新城中心，阿姆斯特丹的興衰足跡就是荷蘭的歷史。

作為荷蘭的首都、第一大城市，阿姆斯特丹平均每年為荷蘭貢獻21%的GDP，它的文化地位更是全歐洲矚目。如此，卻擋不住海平面上升將淹

沒此城的各種預測，南極科學研究委員會發布報告稱，2100年全球海平面將上升1.4公尺，屆時，大部分土地位於海平面以下的阿姆斯特丹，必定難逃此劫了。

## 桂冠沉海

風車汲水、鬱金香王國，曾經引得世界嫉妒的荷蘭，因為未來海平面上升身陷被淹第一線。超過一半的海平面國土和居民，泅渡無門。

### 鹿特丹

災難性質：海水淹沒
劫難程度：★★★★★
行政歸屬：荷蘭南荷蘭省
總　面　積：319平方公里
總　人　口：99.4萬（2016年）
GDP比重：7%
平均海拔：-1公尺
建城時間：西元1340年擁有城市自治權

鹿特丹 Rotterdam

荷蘭前總理德波爾曾幽默地說過，如果你把一個手指腹按在世界地圖上歐洲西北部，荷蘭就會從你的視線中消失。就是這麼一個國民生產總值遠低於英、法、義的小國，卻是中國在歐洲的第二大交易夥伴，鹿特丹港對此居功至偉。

鹿特丹港是除了風車之外，荷蘭必對外人翹大拇指的地方。通過鹿特丹港，歐美和東方商人可以方便地進入歐盟3.5億消費者的大市場，而不僅僅是荷蘭1,620萬人的市場。從鹿特丹港進口的貨物中有75％～80％都是供應給其他歐洲國家，特別是鄰國——世界第二大貿易國德國。常年統計顯示，德國每年通過鹿特丹港從海路進口的貨物，比通過德國北部的漢堡等三個港口進口的都要多，難怪會有官員笑稱鹿特丹港是德國最大的港口。另外法國、比利時、奧地利等國相當一部分貨物也都是通過鹿特丹港進出口，只有20％～25％的進口供給荷蘭本國企業。

自1961年輸送量首超紐約成為世界第一大港後，鹿特丹港保持佳績數十年，並於2000年以3.2億噸的輸送量創最高紀錄。即便2004年「第一」寶座旁落，它仍然穩居「歐洲第一」。近年來，50％的來自中國的貨櫃船都先抵達鹿特丹港，來自中國的散貨船首先抵達鹿特丹港的更是超過70％，鹿特丹港仍然把持著整個歐盟市場的門戶，年進港輪船3萬多艘，駛往歐洲各國的內河船隻12萬多艘。

目前，僅鹿特丹港就貢獻了荷蘭整個國家GDP的7％，吸納就業人口超過30萬。所以鹿特丹港發展的好壞直接影響到荷蘭經濟。

坐享優良港口經濟創造的美夢人生，鹿特丹人仍然憂患深重：海平面稍微上升一點，他們就會害怕如今在握的幸福，都將可能化為泡沫。

鹿特丹港的港口工業已經形成集儲、運、銷一條龍服務的完整物流鏈，也就是說，一榮俱榮，一損俱損。嚴重依賴和諧的海洋環境的鹿特丹港，面對全面海平面上升的壓力，疲於應對，而對於承載全國GDP7％的荷蘭而言，等於重創。

IPCC第四次報告（2007）預測：到2100年，全球海平面最高上升59公分。這一預測後來被認為相當保守。2009年底，IPCC和南極研究科學委員會聯合發出報告稱，未來100年海平面將上升1.4公尺；前美副總統高爾在紀錄片《不願面對的真相》中警示世人：格陵蘭島和南極西部冰川的融化，足以使全世界海平面上升6.6公尺。地球上冰川的融化已經是電視中常常看到的畫面；這些資料還只是小巫，歐洲環保總署署長Jacqueline McGlade稱，北極和南極冰雪全部融化，將分別導致海平面上升7公尺和60公尺。

這些，還只是截至到目前的資料，海平面最終究竟會上升到多少，仍在預測與更新中。然而，鹿特丹卻沒有時間等待最後的結果。平均海拔-1公尺的它，在應對過去的暴雨和洪水天氣時，已經筋疲力盡。任何一個有關未來海升的資料出爐，對它而言都是一種傷痛。

全球海平面上升的同時，荷蘭氣象局於2008年發布一份報告，稱由於氣候變暖，荷蘭目前年平均降水量比一個世紀前上升了18％。在夏末的沿海地區，降雨明顯增多。

海平面持續上升、降雨加強，海拔卻無力改變，面對被淹沒的預測，步步緊逼的現實，我們有著和鹿特丹人同樣的擔憂。在汪洋海水張開大口之時，鹿特丹頭上那頂「歐洲最現代化的城市」的桂冠，還能穩戴多久？

## 希　臘

### 雅典
災難性質：海水淹沒、火災侵襲
劫難程度：★★★★★
行政歸屬：希臘首都
總　面　積：412平方公里
總　人　口：66.4萬（2011年）
GDP比重：25%
平均海拔：70公尺
建城時間：西元前1000年
## 腹背受敵
　　2009年，綠色和平組織在馬德里發布最新的森林火災研究報告，稱氣候變化正在惡化地中海和南歐地區的森林火災強度及火災面積。西南臨地中海的南歐代表國家希臘，目前每年因火災燒掉的森林將近22萬個足球場面積。氣候變暖，一方面增加未來火險發生的頻率，一方面抬高了地中海的海平面。古代城邦希臘，腹背受敵。

雅典 Athens

相信再傑出的建築師，也不敢拿自己的作品和帕德嫩神廟相比。後者已經是西方文化的象徵，後來無出其右者。

從雅典各個方向都可以看到聳立於雅典衛城山上頂端的帕德嫩神廟。據說這座建於西元前447年的神廟，在遠古時代曾供奉著高達10公尺的雅典娜神像，是舉世聞名的古代七大奇觀之一。帕德嫩神廟北面是同樣知名的伊瑞克提翁神廟，它是為了祭祀海神波賽頓。

在希臘神話裡，雅典娜是智慧女神、女戰神，從宙斯的頭顱中誕生。波賽頓是海神，克洛諾斯和瑞亞的兒子，宙斯的兄弟。據說雅典娜和波賽頓都想當雅典的保護神，宙斯就說你們每人送雅典人一件禮物，讓他們去選擇吧。波賽頓拿出三叉戟往地上一指，一股清泉冒出，他送給了雅典人水源；雅典娜則用手一指，地上生出了橄欖樹。因為橄欖枝象徵著和平，渴望和平的雅典人選擇了雅典娜。於是這座城市被稱為雅典，雅典娜成了這座城市的保護神。

歷史上，雅典還是人世間火的發源地，火曾經在雅典歷史上具有特殊神聖的內涵：普羅米修斯將天上的火種偷到人間，太陽神阿波羅賜予人類奧林匹克聖火⋯⋯。

然而，近年來，火卻給雅典帶來了災難和恐慌。2007年夏天，希臘經歷其有史以來最嚴重的森林火災，被燒毀的森林面積近60平方公里，近一半的國土面積受到影響，大火甚至一度威脅古代奧運會的誕生地──古奧林匹亞遺址。後希臘有關方面總結稱，要恢復這片森林至少需要50年。時隔兩年，2009年8月，離雅典40公里的彭代利山躥起漫天烈焰，7級大風讓火勢直逼雅典。火災過去的24小時內，希臘各地又發生大小火災共83起。

與過去相比，更可怕的或許是未來。綠色和平組織曾發布的森林火災研究報告稱，氣候變化正在惡化地中海和南歐地區的森林火災強度及火災面積。而最易受自然火災影響的名單中，希臘以夏季高溫乾旱的地中海氣候高居榜首，幾乎每年夏天都會發生森林火災，通常每年燒毀森林面積相

當於22萬多個足球場。

預測前景，實不樂觀。更難過的是，就算能僥倖逃過愈演愈烈的森林火災，哪些城池、寶物可經受不住日復一日的水浸。除了多山，雅典還三面環海，東部是愛琴海、西部是地中海的愛奧尼亞海和亞得里亞海。每年，雅典要接待大批來此看愛琴海的遊客。

然而，英國研究機構未來趨勢中心發布了一份報告，稱到2020年，受氣候變化影響，雅典將無法再接待大批遊客。分析其原因，除了上述頻繁光顧的森林火災，還有逐漸上漲的海水。目前，生活在愛琴海水中、世界最稀有物種之一的地中海僧海豹，其棲居的海蝕洞，已經面臨海平面上升的侵蝕。

是的，我們沒有理由不擔心。歐洲甚至世界最古老的城邦——雅典，人類數千年文明的結晶之城，無論是毀之一炬，還是被上升的海水蠶食，對整個人類精神文明寶庫而言，都是難以估計的損失。

# 丹 麥

## 哥本哈根

災難性質 ：風暴潮侵襲
劫難程度 ：★★★☆☆
行政歸屬 ：丹麥首都
總 面 積 ：88.25平方公里
總 人 口 ：58.3萬（2016年）
平均海拔 ：低於30公尺
建城時間 ：西元1254年

# 暖化時代沒有童話

　　童話王國丹麥的首都哥本哈根，繼2009年氣候大會成為全球矚目焦點後，其因北海風暴潮影響，冬季常受水患之苦的問題也浮出水面。專家認為，全球氣候變遷會加劇風暴潮發生頻率。哥本哈根未來安危，進入世人關注的視野。據估計，未來海平面上升可能導致洪水和風暴潮，對哥本哈根的損害超過35億美元。

哥本哈根 Copenhagen

　　安徒生的故事，並非完全虛構。小美人魚就游曳在哥本哈根。這是一個丹麥國的中心城市，許多中世紀的古老建築與新物業交相輝映，既顯現代化又不失古色古香。在一些聞名遐邇的古建築中，最有代表性的是宮殿，坐落在市中心的克利斯蒂安堡年代最為久遠。過去，它曾是丹麥國王的宮殿，現在成為議會和政府大廈所在地。

　　哥本哈根的公園同樣受歡迎，其中最美麗的要算是哥本哈根朗厄里尼港灣畔的海濱公園。在那裡的一塊巨大的岩石上，有一尊世界聞名的「美人魚」銅像。這是丹麥雕塑家艾裡克森於1913年根據安徒生的童話故事《小美人魚》塑造的。它就像倫敦的大橋、巴黎的鐵塔，是哥本哈根的標誌。城堡氣質，童話般的生活，賦予哥本哈根眾多國際殊榮。2008年，Monocle雜誌將哥本哈根選為「最適合居住的城市」，並給予「最佳設計城市」的評價。在西歐地區，哥本哈根是僅次於巴黎和倫敦的「設置企業總部的理想城市」。

　　與自行車城、綠色王國等詞彙一同出現的，還有哥本哈根的「水患無窮」。丹麥地勢低平，平均海拔不足30公尺，有人曾開玩笑說，站在一隻木箱子上就能把它一覽無餘。近水位置，哥本哈根的城市地標受到威脅，特別是在老歷史街區。一些超過300年的老房子根本抵擋不住風暴潮的襲擊。據估計，未來海平面上升可能導致洪水和風暴潮，對哥本哈根的損害超過35億美元。

　　丹麥鄰近的北海常年盛行西風，同時北海又處於極鋒【注】南北徘徊位置，氣旋活動頻繁，尤其冬季（11月至次年3月）經常發生風暴，並可形成高達數公尺、甚至10公尺多的風浪，往往使丹麥沿岸地區遭受風暴潮襲擊，給人民生命、財產造成危害。專家認為，全球氣候變遷會加劇風暴潮發生頻率。未來哥本哈根所受損失，還難界定。

【注】　極鋒：由極地東風帶和西風的氣流交匯形成，也就是說，它是極地區的冷空氣和低緯暖空氣之間的邊界。

# 大洋洲・絕望邊緣

## 澳大利亞

## 撤退的土地

**雪梨**

災難性質：海水淹沒
劫難程度：★★★★★
行政歸屬：澳大利亞新南威爾斯州
總 面 積：12,367.7平方公里
總 人 口：500.5萬（2016年）
GDP比重：8.76%
平均海拔：42公尺
建城時間：西元1788年

相關報告和專家預測，到2050年，雪梨海平面將上升0.4公尺、海岸會退後40公尺；到2100年，海平面將再上升0.9公尺、海岸再退後百公尺。屆時，住宅與商業都密集分布於沿海地區的雪梨，還有多少土地能保證安全？

雪梨 Sydney

　　位於澳大利亞東南岸的雪梨是英國在大洋洲的第一塊殖民地，也是今天澳大利亞新南威爾斯州的首府。這個集合了中心僅25平方公里的內雪梨市與周邊大小數十個城鎮而成的雪梨大都會，是整個澳洲人口最稠密的地方。

　　儘管在1788年英國人的第一艦隊抵達雪梨灣時，澳大利亞的原住民就已經在這塊後來被稱為「雪梨」的地區居住了上萬年之久，這個地名卻是來自於當時的英國內政大臣雪梨。

　　來到澳大利亞的英國人一開始只是想在此建立一個用來流放英國本土囚犯的殖民區。沒想到的是，隨著此後的數年，來自英國的一批批自由移民以雪梨為中心向內陸發展，這個地方的人口不斷增長以至於成為了今天澳大利亞的第一大城市。

　　不難看出，雪梨是一個標準的移民城市。這個澳大利亞最早的港口在迎接了1788年後的大批英國移民，19世紀中期大批沖著「淘金熱」從世界各地湧入的人潮、和20世紀來自歐洲與亞洲的新移民後，迅速成長壯大。今天的雪梨，大部分居民的祖先來自英國和愛爾蘭。英語是他們的第一語言，此外，漢語、阿拉伯語和希臘語也被一些人使用。多民族的融合，令這座城市具有高度的國際化魅力。

　　這是一座一年中大多數時間都沐浴在陽光中的城市，入眼就是花木擁簇、紅瓦紅牆的別墅和車流如織的林蔭大道。古老的海港、銀色的海灘以及宜人的地中海氣候更令它四季迷人。進入市中心的商業區，鱗次櫛比的摩天大廈，五光十色的街市商鋪又帶著大都市的風情撲面而來。多種族融合的文化還孕育出遍布市內大街小巷的書廊、美術館、博物館和天才藝術家。

　　最不能忘記那坐落在班那隆岬已被作為澳大利亞象徵的雪梨歌劇院，獨特的貝殼造型映襯在藍天碧海的背景下，光彩照人。

　　誰會想到，就是這藍天碧海的美景，今天竟成了雪梨潛在的危機。早

在2007年澳大利亞廣播公司就曾報導，澳大利亞有關專家研究認為，海平面升高已不僅僅對自然環境進行著不易察覺的影響，包括雪梨歌劇院在內的一系列沿海標誌性地點已經明顯受到了威脅。

國際遺址委員會澳大利亞分會主席彼得·菲力浦斯就表示：要是海平面上升，許多標誌性建築都會從地球上消失。解決問題的最極端例子就是：在雪梨歌劇院周圍建一條水壩。

此外，由於受到海平面上升和洪水侵襲的威脅。跨越澳大利亞東北海岸線、面積34.4萬平方公里的大堡礁，也面臨大片珊瑚褪色和增長停止的危險。它甚至與馬爾地夫一樣，被列入12年內將會消失的地球美景之一。

一份2008年底針對氣候變化對雪梨的衝擊提出的報告指出，與1990年的水準相比，雪梨沿岸海平面到了2050年將上升0.4公尺，到了2100年則會再上升0.9公尺。而新南威爾斯氣候變化署的副署長史密斯則預計，海平面每上升0.01公尺，沙灘將會後退1公尺。因此，到2050年，一些美麗的雪梨海灘很可能會消失。

對此，新南威爾斯氣候變化署的報告表示：雪梨地區密集的住宅以及濱海商業設施，將面對海水灌入或是海水上升侵蝕的威脅；一些建在海岸前緣地帶的重要基礎設施，如著名的雪梨國際機場也將受到威脅；雪梨海灘的精華區Dee Why和Curl Curl，最有可能在海水侵蝕下消失。

## 伯斯

災難性質 ：海水淹沒、暴風雨侵襲
劫難程度 ：★★★★★
行政歸屬 ：澳大利亞西澳大利亞州
總 面 積 ：5,386平方公里
總 人 口 ：206萬（2016年）
GDP比重 ：5.25%
平均海拔 ：20公尺
建城時間 ：西元1829年

# 天鵝帶來不了好運

　　海平面上升速度高於全球平均水準2倍、
十年難遇的雷暴雨與特大冰雹，伯斯城危機
重重。

伯斯 Perth

　　每年平均有118個晴天的伯斯，是澳大利亞最燦爛的城市。這座西澳大利亞州的首府位於大洋洲大陸西南岸邊的天鵝河（Swan River）畔，背山面海，與雪梨一樣在地中海氣候的眷顧下擁有最美麗的陽光和水岸。

　　1697年，荷蘭探險家威廉·烏拉敏在印度洋東岸發現了一個河口，他沿河而上發現河面上有許多罕見的黑天鵝，於是有了今天伯斯城內的天鵝河之名。但是荷蘭人對這塊地方並不感興趣，因此當1829年英國人的移民來到此地，才真正沿著河岸開創了伯斯城，成為當時「天鵝河殖民地」的首府。

　　最早的伯斯遠比不上雪梨的興盛，直到1885年在河流上游發現了黃金，吸引來了大批移民，伯斯才開始高速發展。可以說，這座城市如今的繁榮大部分應歸功於其作為天然資源產業服務中心的地理位置。西澳大利亞州豐富的金、鐵、鎳、鋁土、金剛石、礦物沙、煤炭、油和天然氣資源，令最接近這些珍稀儲備的伯斯大受其益，至少目前世界上主要的能源和工程企業在伯斯就都設有辦公室。

　　清朗的藍天，溫暖的陽光，綠油油的國王公園加上多數和善的伯斯人，讓伯斯在每年的世界最佳居住城市評選中都是名列前茅，並曾在2003年獲得世界最友善城市首位，得到世界性的讚賞及認同。然而2009年底，英國廣播公司網站的一篇報導打破了伯斯市民的平靜生活。

　　因為澳大利亞國家潮汐研究中心的資料指出，伯斯附近海域的上升速度要遠高於全球水準。「西澳大利亞州首府伯斯附近海域的海平面在一年內上升了8.6公釐，而全球平均上升值為3公釐。」

　　澳大利亞國會氣候變化委員約翰·徹奇博士表示，這是一個危險的信號。在居民區密集於河口、海拔僅20公尺的伯斯，人們必須開始擔心海平面上升後洪澇災害和海水侵蝕的影響。

# 紐西蘭

## 威靈頓

災難性質：地震傾城、海水淹沒
劫難程度：★★★★☆
行政歸屬：紐西蘭首都
總　面　積：290平方公里
總　人　口：20.38萬（2015年）
建城時間：西元1815年

# 失樂園

　　位於環太平洋地震帶上的紐西蘭首都
威靈頓，不僅因時常發生的地震而惴惴不
安，全球變暖、海平面上升同樣令這座濱
海城市乃至整個紐西蘭都倍感危機。

威靈頓 Wellington

位於紐西蘭北島南端的威靈頓不僅是紐西蘭首都，更是扼守南北兩島交通要道的樞紐之地。這座城市三面環山，一面臨海，懷抱著世界上最佳深水港之一的尼科爾遜港。由於這座城市的緯度高達南緯41度，是世界上最南方的首都，因而也受到了這一緯度強烈的西風帶和海峽風的影響，有「多風的威靈頓」之名。

由於威靈頓所處的尼克森海港基本走向是沿著一個活躍的地質斷層，因此，這裡的地震活動率要高於紐西蘭的平均值。

早在1848年，威靈頓就曾受到一系列強地震的襲擊；而在之後的1855年，這裡又發生了高達8.2級的大地震。這次強震甚至讓城市地面發生了大面積的2到3公尺的垂直運動，使得一塊原本在海下的陸地被提升出海面，還成了現在威靈頓中心商業區的一部分。而今天這裡的地震依然常發不斷，2009年這裡就已經發生了幾次小型地震，所幸未造成人員傷亡。

其實，對於正好位於太平洋板塊和澳大利亞板塊交界處環太平洋地震帶上的紐西蘭來說，地震也一直都是整個國家整體的潛在威脅之一。科學家研究認為，這一地區板塊相撞為火山活動提供了重組的能量，因此地質活動頻繁，每年地震報告多達1,000多個。「安居」於如此地質之上，紐西蘭全國不得不時刻都為下一次地震的襲擊而提心吊膽。

更何況，對於同為島國的紐西蘭來說，雖然被海水淹沒的威脅眼下並不像吐瓦魯那樣嚴峻，但是全球氣候變暖對其造成的危害依然是立竿見影的。2010年4月22日，世界地球日，美國《新聞週刊》公布了100處因地球變暖而可能從地球上消失的名勝景區，其中紐西蘭的普倫蒂灣就因海平面上升而面臨著沙灘與自然港灣被不斷吞噬的威脅。事實上，海平面上升正讓紐西蘭的許多著名海灘成為受害者，僅2008年一年時間，海水就已經吞噬了這個國家至少12公尺的沙灘，令當地旅遊業大為憂心。如此看來，海水侵襲亦將成為令海濱城市威靈頓最頭痛的危險之一。

# 非洲・漸入絕境

## 南　非

## 飢渴的本色之城

2010年世界盃讓全球聚焦南非的立法首都開普敦，這座灑滿地中海陽光的城市。但是，普利托里亞大學氣象學家弗朗西絲・恩格爾布賴奇特卻警告，全球暖化得不到控制，將對整個南部非洲地區尤其是南非西開普地區帶來毀滅性後果。

### 開普敦

災難性質：乾旱侵襲
劫難程度：★★☆☆☆
行政歸屬：南非立法首都，西開普省省會
總 面 積：2,454.72平方公里
總 人 口：400.4萬（2016年）
平均海拔：44公尺
建城時間：西元1652年

開普敦 Cape Town

如果你曾經對南非的印象是：《國家地理》上的茫茫草原、「Discovery」裡的叢林探險、「Can You Fell The Love Tonight」裡優美的旋律、梅莉‧史翠普在《走出非洲》裡的憂傷，或者是曼德拉堅毅的面龐，那麼，這個被譽為「南非諸城之母」的開普敦，將會完全顛覆你對非洲的印象。

開普敦，位於南非最西南端，城市背山面海迤邐展開，西郊濱大西洋，南郊插入印度洋，居兩洋之會。1486年的航海年代，被葡萄牙著名航海家巴爾托羅繆‧迪亞士發現，此後，這裡便成為歐裔白人的殖民中轉地。100餘年來幾度易主，歷經荷、英、德、法等歐洲諸國的統治及殖民，成為交融著歐洲殖民地文化色彩與南非地中海風情的文化古都。

殖民者發現這個好望角，混合著海風與陽光的寶地後，帶來了歐洲的葡萄種植技術，將南非的人們帶進了迷醉的酒鄉。南非目前是世界上六大有名的葡萄產區之一，生產地主要集中在開普敦附近。

但是，現在開普敦的葡萄酒業卻受到了乾旱氣候的影響。開普敦大學氣候學教授布魯斯‧赫維特森指出，過去50年，西開普敦地區已經變得越來越乾旱，在21世紀，這種趨勢將會持續下去。

有人說，開普敦的美麗其實就是大自然的本色美，一切皆是原貌。但願這張純淨未經粉飾的臉不被龜裂。

# 埃　及

## 亞歷山大

災難性質：海水淹沒
劫難程度：★★★★☆
行政歸屬：埃及
總　面　積：2,679平方公里
總　人　口：498.4萬（2016年）
平均海拔：300公尺以下
建城時間：西元前332年

## 燈塔故鄉照不亮未來

　　亞歷山大大帝雄心勃勃地建造了亞歷山大城，古希臘文明在這裡薈萃。幾千年來，天災人禍，文明所剩無幾，現亞歷山大又將遭遇氣候危機。專家穆罕默德‧拉伊認為，海平面繼續上升，亞歷山大將遇滅頂之災。

亞歷山大 Alexandria

西元前334年，亞歷山大大帝率軍東征，先攻占埃及的尼羅河下游地區，後又征服波斯，飲馬印度河。當這個追逐「世界盡頭」的大帝來到埃及時，他被地中海溫柔擁抱下的新娘亞歷山大所折服，並在此建城。

翻閱這個城市的歷史，你總會被它厚重博大的文明所震懾。

在亞歷山大海港邊矗立的燈塔堪稱世界古代七大奇觀之一，是世界上所有燈塔的原型。

亞歷山大圖書館，更是文明的寶殿。王朝的統治者搜集了亞歷山大帝國及周邊一些國家幾乎所有科學家、哲學家和文學家的主要著作，最多時達50萬冊，而圖書館毀於大火的神祕傳說也是被後人形容為「歷史失去記憶的一天」。

城裡幾乎每一寸土地都是古羅馬、埃及的文明韶光停駐過的地方。但是現在，地中海的海平面上升卻對它構成了致命的威脅。

地中海在過去的一個世紀已經上升了20公分，如果這種情況遲遲得不到遏制，那麼，數年內，亞歷山大就將從地圖上消失。地中海還可能淹沒古代亞歷山大城留下的很多地下寶藏，目前考古學家們正在這裡爭分奪秒進行探索。

埃及當地的環保主義者也警告，一旦海平面上升50公分，那麼150萬亞歷山大民眾就將被迫流離失所。

目前，亞歷山大的地方政府正在花費3億美元建造混凝土防海牆，保護地中海沿岸海灘。但是，這一舉措是否能夠真的防衛亞歷山大的安全，還不得而知。

### 開羅

災難性質：海水淹沒、洪澇襲城
劫難程度：★★★★☆
行政歸屬：埃及首都
總 面 積：528平方公里
總 人 口：950萬（2017年）
GDP比重：67%
平均海拔：30公尺
建城時間：西元641年

# 尼羅河
# 再也送不出禮物

　　當尼羅河遇上地中海，處在夾縫中的尼羅
河三角洲將遭遇「內憂外患」。美國和埃及
的科學家預測，到本世紀末，如果地中海海
平面上升0.3至1公尺，與其近在咫尺的尼羅
河三角洲，將被傾瀉而來的地中海海水淹成
一片澤國。

開羅 Cairo

古希臘歷史學家希羅多德說：「埃及是尼羅河的禮物」，這個說法一點也不誇張，因為這個國度的生存與文明都是依靠著這條河流。

長長的尼羅河流貫埃及的首都開羅後，分為兩支，繼續向北注入地中海，形成了廣闊富饒的尼羅河三角洲。數千年來，人們依賴尼羅河生活，而尼羅河也成了古埃及文明的發源地。其中，首都開羅就是千百年來埃及人生活的尼羅河河谷城市之一。

開羅，位於尼羅河三角洲頂點以南14公里的地方，整座城市現代文明與古老傳統相交融、東西方色彩交相輝映。

在開羅西南方不遠處就是金字塔的聚集地，近80座金字塔都是依尼羅河西岸而建，因為埃及人相信亡靈會隨著這條聖河找到輪迴的路。而那裡又如一個封存千年的法老社會，神祕的咒語、權威的祭司、寬袍大袖的人們……。

在開羅的中心則又是另一派景象，現代化的國際機場、新興的工業區、繁榮的貿易中心。當你置身其中，仿若時光交錯。

但是近來，尼羅河三角洲卻因尼羅河與它匯入的地中海而變得不太平了。從上個世紀開始，因為全球變暖地中海海面每年都上升約2.03公分。科學家擔心，如果地中海海水增多，溢出的海水將反向衝擊水量豐沛的尼羅河，兩股水流的碰撞勢必釀成可怕的悲劇。其中，美國和埃及的科學家預測，到本世紀末，如果地中海海平面上升0.3至1公尺，與其近在咫尺的尼羅河三角洲，將被傾瀉而來的地中海海水淹成一片澤國。根據世界銀行的資料，海面上升1公尺，尼羅河三角洲的1/3面積將被吞沒，而所有的這一切對於開羅來說都將是前所未有的打擊。

# 南美洲・災難叢生

## 阿根廷

### 布宜諾斯艾利斯

災難性質 ：海水淹沒
劫難程度 ：★★★★★
行政歸屬 ：阿根廷首都
總 面 積 ：203平方公里
總 人 口 ：306.3萬（2017年）
GDP比重 ：35%
平均海拔 ：25公尺
建城時間 ：西元1580年

## 舞不動的探戈之城

　　溫室效應加劇南北極冰川融化的速度，世界上許多低窪地區面臨被淹沒的危機。世界觀察研究所指出，在33個於2015年前預計將擁有800 萬人口的城市中，至少有21個具有高危險性，阿根廷的布宜諾斯艾利斯榜上有名。

布宜諾斯艾利斯 Buenos Aires

2010年2月19日，阿根廷首都布宜諾斯艾利斯持續多日暴雨天氣，積水最深達1.2公尺，多人死亡。據統計，連續四日的暴雨，使布宜諾斯艾利斯的降水量達到330公釐，直逼該市二月歷史最高紀錄。

素有「南美巴黎」美譽的布宜諾斯艾利斯，在南美洲赫赫有名。不僅是阿根廷的政治中心，集聚了約占全國1/3以上的人口，布宜諾斯艾利斯還是南半球僅次於聖保羅的第二大城市。工業發達，其總產值占全國的2/3；東連拉普拉塔河與大西洋相通，有發達的交通運輸網路；這裡還是全國最大的貿易港，年輸送量約2,600萬噸，為南美洲最大港口之一。從政治、經濟、文化各個意義上講，布宜諾斯艾利斯是阿根廷名副其實的心臟。

最重要的是，鄰近全國最富庶的「世界糧倉」潘帕斯牧區，這一牧區是阿根廷的核心地帶，現今大部分土地已闢為農業區，盛產葡萄。

如此優渥條件的城市，遭遇此等災難並非第一次。曾在2001年10月，布宜諾斯艾利斯就遭受了歷史上最嚴重的洪水，造成至少150人死亡、350萬公頃農田被淹、損失達3億美元。

不僅如此，布宜諾斯艾利斯未來的洪澇災害仍有加劇的趨勢。阿根廷全國水委員會的研究報告指出，地球變暖將導致兩極冰層融化，海平面上升。受此影響，21世紀內，阿根廷境內拉普拉塔河水位可能上升60公分，首都布宜諾斯艾利斯市及郊區20萬居民將被迫撤離家園。人們必須投入數億美元用於加固房屋和其他基礎設施，以防止水患破壞。由於降水增加，布宜諾斯艾利斯省20％的面積將處於半洪災狀態，甚至永久被淹在水中。與此同時，暴風雨的次數將增加30％。

根據聯合國人口預測，布宜諾斯艾利斯「2015年人口將達到800萬」。而世界觀察研究所指出這一南美洲最具歐陸風情的城市面臨被淹的極高危險，不知能否成功抵禦海水、暴雨引起的洪災，能否保全「南美最後的探戈之城」。

# 巴　西

## 里約熱內盧

災難性質 ：海水淹沒
劫難程度 ：★★★★★
行政歸屬 ：巴西里約熱內盧州
總 面 積 ：1,221平方公里
總 人 口 ：645萬（2015年）
GDP比重 ：14.36%
平均海拔 ：5.32公尺
建城時間 ：西元1565年

# 最後的狂歡

　　全球氣候變暖對人類活動的負面影響，正
在印證2004年《中國環境報》一篇報導中的
那句「經濟發達、人口稠密的沿海地區會被
海水吞沒」。時過五年，2009年12月初，南
極科學研究委員會（SCAR）發表一份研究報
告，稱南極洲西部冰川融化加速，使得全球
海平面以兩倍速度上升，預計在2100年，全
球海平面將會上升1.4公尺。與里約熱內盧
同時被認為「難逃厄運」的幾大地方——威
尼斯、荷蘭已經告急，平均海拔僅5公尺多
的里約熱內盧，能否抵禦快速上升的海水？

里約熱內盧 Rio de Janeiro

2010年4月5日傍晚，巴西里約熱內盧遭遇罕見暴雨，超過110人死亡，數百人受傷。經巴西氣象部門統計，里約熱內盧市24小時內的降雨量達到288公釐，相當於以往該市4月全月的降水量。暴雨還引發了山體滑坡、土石流、洪水等災害。

暴雨發生前，里約熱內盧正在加緊為2014年的世界盃足球賽和奧運會做籌備。有此精力舉辦世界級賽事尤其是奧運會的南美城市，它算第一個。而史上它還舉辦過1950年的世界盃足球賽、2007年泛美運動會。

旺盛的體育精神，似乎源自他們的日常生活。在里約熱內盧，最著名的活動是狂歡節，來自世界各地的人見證這場盛會：人群、美食、色彩還有森巴舞，宣洩著這個民族最充沛的熱情。巴西足球勁旅、排球、賽車的據點，都紮根里約熱內盧。因此每年到巴西旅遊的200多萬遊客中，有40％是到里約熱內盧來的。

1960年以前，里約熱內盧還是巴西的首都，昔日的繁華延續至今。里約熱內盧仍是巴西第二大城市，南美洲屈指可數的富裕城市，2000年為巴西貢獻了14％的GDP份額。這裡有巴西的商業心臟地帶，工礦業發達程度令南美所有城市難望其項背，最具規模的巴西公司如巴西石油及淡水河谷公司都在此設立總部。

很難想像，上述美好的事情和開頭的災難發生在一個城市。沒錯，2010年4月那場暴雨，是1966年以來里約熱內盧遭遇的最強暴雨襲擊。依山傍水，成就了里約熱內盧的旅遊資源，也讓它在地域氣候災害方面，面臨多種挑戰，不少沿海城市會被海水吞沒，而里約熱內盧也難逃厄運。

2010年4月5日傍晚的這場暴雨過後，里約熱內盧的人們便快速投入到2014年的世界盃賽事準備工作中，絲毫不理會外界質疑他們「還有能力承擔此盛事」的聲音。只是不知里約熱內盧人在面對海水傾城的災難時還能不能依然保持著這樣的氣定神閒和自信。

# 太平洋・明珠隕落

## 吐瓦魯

## 不許寄回的
## 死亡通知書

「全球60億人都應該向我們道歉」，2009年哥本哈根氣候大會舉辦期間，吐瓦魯一位公民透過記者，對全世界這樣說。根據南極科學研究委員會的預測，到2100年，全球海平面將上升1.4公尺，很多沿海城市正採取措施積極自救。而對於吐瓦魯而言，根本等不到2100年，在未來50年內，它就將全部被海水覆沒。

### 富納富提

| | |
|---|---|
| 災難性質 | 海水淹沒 |
| 劫難程度 | ★★★★★ |
| 行政歸屬 | 吐瓦魯首都 |
| 總 面 積 | 2.4平方公里 |
| 總 人 口 | 6,025萬（2016年） |
| GDP比重 | 2,000萬美元（2005年） |
| 平均海拔 | 4.5公尺 |
| 建城時間 | 西元1978年獨立 |

富納富提　Funafuti

　　再貧瘠的母親，依然願意竭盡所能，供給她最寶貝的兒子。

　　富納富提就是這樣一個幸運兒。2009年的哥本哈根氣候大會，讓很多普通人開始瞭解吐瓦魯的首府富納富提，瞭解它的驕傲和簡樸。

　　和任何一個首都城市一樣，富納富提集中了這個國家的精華。它所在的馮蓋斐爾（Fongafale）島，是吐瓦魯最大的珊瑚島，有該國最重要的深水港和國際飛機場。當你乘車在島上兜風，完全可以領略別樣的海島風情：一側是波濤洶湧、一望無垠的太平洋；一側則是風平浪靜、隱約可見邊際的富納富提潟湖【注1】。

　　當然，更為人熟知的，是富納富提背後的母親──吐瓦魯。

　　它是點綴在太平洋海洋中的一處美景，讓人心醉。當你隔著國際航班的舷窗，清楚地看到一個群島，有7個環形珊瑚礁島和2個珊瑚島組成，那麼就是吐瓦魯了。這些環形珊瑚礁島【注2】都有一個圍繞著潟湖、斷續地露出海面或沉在水下的島礁環帶，就像太平洋對著蔚藍天空吐出來的一個個煙圈。

　　它也是首個因氣候變暖瀕臨沉沒的島國，聽聞讓人心碎。2009年南極科學研究委員會預測，到2100年，全球海平面將上升1.4公尺。

　　不要說1.4公尺，就是再少一點，也是吐瓦魯經受不起的打擊。吐瓦魯氣象局的首席預報員TavalaKatea曾經公布一組資料：從1993年到2009年間，吐瓦魯的海平面總共上升了有9.12公分。按此推算，50年之後，吐瓦

---

【注1】潟湖：珊瑚礁種類之一的堡礁，與陸地之間相隔的水域，稱為潟湖。潟湖一般寬度幾公里至數十公里，基本上被珊瑚礁圍著。潟湖的水深一般為幾十公尺，最大可達上百公尺，堡礁自身的寬度從幾百公尺到數公里不等。但他完全連續的，有的地方有缺口，使潟湖與外海相通，潟湖裡面有時會有暗礁，航行於潟湖裡的船隻，要特別小心，否則會觸礁沉沒。

【注2】珊瑚礁島：簡言之是一種分布在海洋中水深較淺地方的一種石灰石堆積物。在海洋中，類似珊瑚蟲能分泌石灰石的造礁生物，在世代生衍過程中分泌出石灰石，這些石灰石在經過之後的壓實、石化，形成了今天世界熱帶海洋許多島嶼和礁石。一些海島國家的領土，就是由造礁生物經過千萬年努力建造起來的。吐瓦魯的全部國土、澳大利亞的大堡礁就屬於這例。

魯海平面將上升37.6公分，這意味著該國至少將有60％的國土會澈底沉入海中。

　　60％國土沉入海中，對最高海拔不超過5公尺的吐瓦魯來說，是一份「死亡通知書」，因為漲潮的時候，根本不會有任何國土露在海水之上。

　　唯一的辦法，只能以環境難民的身分等待被他國接納。截至目前，只有紐西蘭政府同意接收吐瓦魯的「環境移民」，但每年的撤離人數有定額。更多的居民不願或沒有條件離開本土。或者說，他們甘願守著與世無爭的平凡日子，和那些珍貴的記憶，等待海水漫上來。

## ◆　結　語　◆

　　上述城市，在歷史上乃至今天，都如璀璨的明珠，熠熠生輝。無論是歐洲文明古城，還是北美經濟重鎮，都是人類追求物質和精神而聞名的碩果展示。它們，因水而嫵媚，隨木而秀雅，更因人的相伴而聲名遠揚。

　　如今，氣候變暖讓他們的光澤變得暗啞，甚至消失。經濟代價，將無法讓「氣候變暖」回心轉意；生存彌艱，將水、土地等資源的緊缺性提到史無前例的高度，就將如聯合國人道主義論壇主席科菲·安南所言，「人道主義」面臨挑戰。

　　這些，不但可能發生，還將因人類的無動於衷提前到來……。

# 第四章 | CHAPTER 4

# 山川齊暗

在全球氣候變暖中，除了人類、城市遭遇威脅，最貼近自然的
美景以及古文明遺址也將面臨前所未有的生存挑戰。如果你
有一雙明亮的眼睛與一顆敞開的心靈，那麼，請跟著我一起看
看，它們的生存現狀……。

# 絕版的美景

從前，在一本小冊子上讀到這樣一句話：「人生就像一本書，足不出戶，永遠只是書的第一頁。」這句話像封印一樣打在封面上，充滿了魔力，打開書後發現是大千世界的美景圖集。那時候，我對世界充滿了好奇與嚮往，去世界旅行成了我的遠大理想。散落於地球上的美景經歷了滄海桑田，與我們遙相彌望，為的是讓塵世間絡繹不絕的過客一睹這個星球被時間打磨的痕跡與自然雕琢的美麗。

你呢？你是否也有一顆膨脹的心，想遠行環遊世界，而不限於通過第三者的眼睛與這些自然聖地交匯。

## 驚歎，自然的鬼斧神工

這些最接近靈魂的地方有白雪皚皚的冰雪、險象環生的原始叢林、波瀾不驚的大海……。

它們留下了自然的神奇密碼，例如擁有不死神話的死海，它是寸草不生的群山環抱中、海平面以下415公尺的谷地裡一片靜寂的水域，雖然荒蕪、了無生氣，卻也存活了幾千萬年，它用生去演繹著死，用死去修飾了生，完美地詮釋了人最參不透的悖論。

它們最接近天堂的色彩，大師級導演彼得·傑克遜【注】在《蘇西的世界》裡幻想出天堂的模樣，就像是薄霧、晚霞被吉力馬札羅山頭白雪折射

---

【注】　彼得·傑克遜：紐西蘭導演，著名代表作《魔戒》三部曲與《金剛》，傑克遜在2010年的電影《蘇西的世界》中，使用大量CG技術為觀眾創造了一個死後的世界，在那個如童話般的天堂裡，一切靜謐而又色彩斑斕，山峰、河谷、溪流依然伴隨著愛存在。

後的變幻萬千的景象。

　　它們有最讓人釋然的力量，像藍色海域的大堡礁，五光十色的珊瑚礁構成密集的珊瑚松林、繽紛熱鬧，魚群來回穿梭，各種海底生物潛伏、遊動，這樣一場視覺盛宴與沁人心脾的海風足以吹散心頭的鬱結。

　　這些只有置身其中，才能感受到它們的脈動。這些地方早早地形成於人類誕生之前，與地球的關係更為親密。人類於自覺的發掘與追尋中，只為一親芳澤，洗滌身心的塵土與疲憊。但一切卻非永恆，無定、逝去如宿命般橫亙在人與景之間。

## 驚訝，悲劇的大幕拉啟

　　一份來自聯合國教科文組織【注】的報告，向我們展示了地球即將消失的100處美景，消失的理由有諸多、消失的命運卻只有一種。其中不乏全球升溫造成的冰川融化、珊瑚礁白化、乾旱、生態系統紊亂、物種滅絕；也存在嚴重的地質災害，如地震、火山等與其他人為因素，過度開採與污染等。

　　這些淨土集體漸行漸遠，在這個它們存在了千萬甚至上億年的星球上。而它們的消逝或許正是大自然骨牌效應的一端，將引發連續的倒塌，直至最後整個生態鏈的崩潰。

　　你看，被稱為「大自然宮殿」的阿爾卑斯山，像童話中的白雪世界，而今，急速融化的冰雪匯成了一股洪水，衝擊了山腳下的瑞士小鎮；西伯

---

【注】　聯合國教科文組織：是各國政府間討論關於教育、科學和文化問題的國際組織，於1946年11月4日在巴黎宣告正式成立。宗旨在於通過教育、科學及文化來促進各國間之合作，對和平與安全做出貢獻，以增進對正義、法治及聯合國憲章所確認之世界人民不分種族、性別、預言或宗教均享人權與基本自由之普遍尊重；為實現宗旨，聯合國教科文組織執行相應職能。

利亞，蒼茫的土地上蘊含著俄羅斯民族的悲愴之音，一度寧靜祥和的局面卻因永凍土下的二氧化碳而變得緊張起來，那被封存的氣體如同潘朵拉盒子裡的惡魔，一旦釋放將導致大氣中溫室氣體的劇增；享有海洋「熱帶雨林」之稱的珊瑚礁，優美得如彩色琉璃一般裝點了海底深藍世界，許多海洋生物就是在珊瑚礁上歇息，享受海底的陽光，但是，海水的升溫卻直接導致與珊瑚共生的海藻的離開，珊瑚礁失去生命力、變成白色，「雨林」消失、魚群失去庇護，當地的海洋生態系統由此受到威脅、生物多樣性也可能因此遭到破壞。

還有太多太多，我們目之所不及的地方正在遭遇氣候或其他災害的威脅，而它們原先正常的狀態一旦被打破也將威脅整個生態系統的穩定。

同時，作為地球演變的「活歷史」，這些美景的消逝也將造成地球遺存資料的缺失，比如，亞馬遜雨林，蘊藏著世界上最豐富最多樣的生物資源，昆蟲、植物、鳥類及其他物種多達數百萬種，而氣候變化帶來將使得這片「生命亡國」消失，那些未曾命名的動植物也將隨之湮沒在21世紀中。不僅是亞馬遜雨林，包括南極這樣的冰封世界裡，厚厚的冰層中也是地球風雲變遷的硬碟，存儲了各個時期的地質與氣候特徵。科學家根據現存的地球線索去最大化地追蹤千百萬年前地球的模樣，試圖解開地球的未解之謎。而現在，諸多重要的線索卻在急速的消失中。

## 悲歡，人類的命運告急

然而，這個星球的迴圈機制又表現在自然界的敏感脆弱將對人類產生反作用。

偉大的科學家愛因斯坦曾經預言，一旦蜂群消失之後，人類將只剩下四年的壽命。因為如果沒有蜂群，就不能傳播花粉，植物就會面臨絕種，而所有仰賴植物為生的動物都將受到影響，這其中自然也包含我們……這

個理論後來被導演奈特‧沙馬蘭拍成了電影《破‧天‧慌》【注】，在這部影片裡，植物竟然成為導致人類精神錯亂、自殺與謀殺他人的無形黑手。

自然之物的消失顯然不是一條單行道，個中生命體間錯綜複雜的相生相剋，是你我窮盡一生也無法瞭若指掌的。這一切都是在提醒人們，人類只是整個生態系統裡的一部分，並且與大自然的其他組成部分有著複雜的互存關係，人類正是靠著這種物種間的相互制衡才達到一個相安的境界。這些自然造物都早於人類生活在這個星球，人類應該成為自然的守護者，而非掘墓者。正如科學家阿貝‧賈卡爾所說，人類的獨特性在於可以「意識到自己可以改變明天」，因此，這些美景的命運與我們自己的命運很大程度上在於我們的一念之間！

---

【注】　《破‧天‧慌》（The Happening）：該影片由曾經拍攝了《靈異第六感》、《靈異象限》的印度裔恐怖電影大師奈特‧沙馬蘭（M. Night Shyamalan）自編自導，講述在全球自然環境危機正嚴重威脅人類生存，一家人求生的故事。大自然已經對我們的汙染忍無可忍，決定把人類趕出地球。一種無以言狀的神經毒素被釋放到空氣中，人類在瞬間行為失常，自殺與謀殺開始蔓延。

## 喜馬拉雅山

災難性質：冰雪融化
劫難程度：★★★★★
所屬國家：中國、印度、巴基斯坦、
　　　　　尼泊爾、不丹
總面積：約為59.44萬平方公里
平均海拔：4,500公尺

# 漸行漸遠

　　喜馬拉雅山融化的冰雪是其腳下人民的聖水，潔白高聳的山體是朝聖者心目中的神靈。但是，無形的氣候卻在侵蝕著它，專家預測，冰川加速融化將引發一系列後續災難。

喜馬拉雅山 Himalayas

喜馬拉雅山源於梵語「雪域」，山脈就像是一彎碩大的新月，主光軸高聳在永久的雪線之上，整個山脈包含了多座世界最高的山，其中最著名的就是「世界屋脊」珠穆朗瑪峰（即聖母峰）。

喜馬拉雅山也是亞洲九大河流的發源地，包括印度河、恆河、雅魯藏布江、薩爾溫江、湄公河和長江等，這些河流多是各國的「母親河」，是這些國家與人民的生命線。

但是，喜馬拉雅山的問題浮出水面。雖然IPCC委員會已經公開表示氣候報告中關於喜馬拉雅山於2035年融化的論斷錯誤，但是喜馬拉雅山的現狀還是不容樂觀。世界自然基金會天氣變化大使達瓦‧史蒂文‧夏爾巴在他幾年的登山過程中目睹了喜馬拉雅山的物理變化以及造成的影響，「所有喜馬拉雅山冰川都在融化，平均每年融化10～20公尺。最明顯的變化是被由於冰湖潰決而來的洪水的增加」；2009年「世界屋脊會議」上，尼泊爾23位部長也向世界展現了喜馬拉雅山融化將帶給尼泊爾的災難——氣候異常、自然災害頻發、融雪性洪災淹沒山腳村莊，與會的著名登山者謝爾帕，他曾19次登上珠穆朗瑪峰，也表示，2009年是他有史以來第一次看到，在海拔超過8,000公尺以上的珠峰上也出現了融化的雪水。

喜馬拉雅山的冰川融化不僅會引發山腳下的洪災，也會導致大河水源的減少。其中，發源於喜馬拉雅山甘戈特里冰川的恆河就已經顯露了不祥的徵兆。印度恆河三角洲以及南部的洪水暴發頻率正從10年一次加快到一年幾次。因為甘戈特里冰川正在以每年後退10公尺到15公尺的速度消融，比20年前快了一倍。根據聯合國的氣象報告，如果全球氣候持續變暖，到2030年，甘戈特里冰川將澈底消失。

不遠的將來，這座朝聖者心目中的神山還會繼續庇佑我們嗎？

### 阿爾卑斯山

災難性質　：冰雪融化
劫難程度　：★★★★☆
所屬國家　：法國、義大利、瑞士、德國、
　　　　　　奧地利和斯洛維尼亞
總　面　積：約4,000平方公里
平均海拔　：3,000公尺

## 天堂之門即將關閉

　　這裡是聞名世界的滑雪勝地、蜜月度假的
理想地、走近歐洲的一扇門，但是，科學家
羅蘭‧普森納卻預測這裡的大部分冰川最快
在2037年前就會消失，這扇門不久將對世人
「關閉」。

阿爾卑斯山 Alps

　　大約1.5億年以前，現在的阿爾卑斯山區還是古地中海的一部分，隨後陸地逐漸隆起，形成了高大的阿爾卑斯山脈。

　　這條山脈貫穿歐洲南部，西起法國尼斯附近的地中海海岸，經義大利北部、瑞士南部、列支敦斯登、德國西南部，東止奧地利的維也納盆地，綿延了1,200公里。

　　山脈風光迷人，許多高峰終年積雪，雪峰晶瑩透亮、樹林濃密蒼翠、山潤流水清澈。世人稱其為「大自然的宮殿」、「滑雪者的天堂」。

　　這裡的冰雪同時還被用來製作精緻的美食。19世紀，在瑞士和法國交界處，人們每天都會到瑞士西南部的冰川上挖掘近1公尺深的冰塊送到巴黎和馬賽，用於調製法國人喜愛的茴香酒。

　　阿爾卑斯山在漫長的歷史中，已經成為西歐風情的重要組成部分。但是，現在這座山脈卻改變了容顏。

　　奧地利因斯布魯克大學生態學院科學家羅蘭‧普森納，他對位於奧地利阿爾卑斯省境內的阿爾卑斯山進行研究後發現，山上冰川的體積每年以約3％的速度在縮小，厚度每年減少約1公尺。從1850年至1980年間，阿爾卑斯山的冰川面積減少了1/3，體積減少了一半。普森納預測2050年冰川可能消失，但這是保守估計，如果阿爾卑斯山冰川按照目前速度融化，大部分冰川在2037年前就會消失。

　　冰川的作用是能夠在空氣潮濕的時候儲存水分，乾燥的時候再緩慢釋放出來。一旦冰川消失，這種濕度調節將不復存在，這意味著季節性洪澇和乾旱問題會明顯加重。阿爾卑斯山冰川融化後的流水所導致的洪水已於2005年襲擊了瑞士的部分地區，如果冰川繼續融化，那瑞士、奧地利等周邊地區有可能頻繁遭災。

## 吉力馬札羅山

災難性質 ：冰雪融化
劫難程度 ：★★★★★
所屬國家 ：坦尚尼亞
總 面 積 ：756平方公里
海　　拔 ：5,895公尺

# 八年末路

　　海明威筆下的「非洲屋脊」已悄然遠去，美國俄亥俄州立大學教授朗尼・湯普森惹認為，2018年吉力馬札羅的冰川就有可能全部融化，吉力馬札羅是證明全球氣候正在劇烈變化的一個重要證據。

吉力馬札羅山 Kilimanjaro

　　吉力馬札羅山位於肯亞和坦尚尼亞邊境，距離赤道僅300多公里，海拔高5,895公尺，是世界上唯一的一座「赤道雪山」。海明威在他的小說《吉力馬札羅的雪》中精彩地描寫到，「它像整個世界那樣寬廣無垠，在陽光中顯得那麼高聳、宏大，而且白得令人不可置信，那是吉力馬札羅山方形的山巔。」

　　可是現在，赤道雪山晶瑩透白的雪冠已不存在，我們只能憑藉這樣的文字去想像當時它的模樣。專門研究吉力馬札羅山冰川的專家布萊恩‧馬克發現，從2000年至2009年，該地帶冰川厚度變薄50％。美國俄亥俄州立大學教授朗尼‧湯普森則預測，2018年吉力馬札羅的冰川就有可能全部融化。

　　屆時，不僅是這種獨有的奇觀將與人類告別，還極有可能帶來負面影響：在海拔1,000公尺以下的亞熱帶常綠闊葉林帶，每年的降水量已經非常稀少，這裡的咖啡和茶葉種植區都在面臨乾涸的威脅。另外，淡水資源日益缺乏，瘧疾等疾病也在山區蔓延開來，疫情將遍及以前從未到達過的區域。為謀生計，人們不得不遷移至山腳下的雨林保護區，砍伐森林，用作木材，這樣又導致水土流失，造成了嚴重的惡性循環。

　　吉力馬札羅山，這座非洲神靈之山，將和它的族人一同飽受前所未有的折磨。

## 死海

災難性質 ：鹽菌繁衍、水源枯竭
劫難程度 ：★★★★★
所屬國家 ：以色列、約旦
總　面　積 ：605平方公里
平均海拔 ：湖面海拔-430.5公尺

# 這次真的會死

　　提到死海，慣常的會加上「不死」兩字，這個神奇的地球傑作從中新世開始一直延續至今。但是，現在死海的情況卻不容樂觀。水源開始枯竭，死海可能乾涸。

死海 Dead sea

早在距今2,330萬年的中新世，地殼運動創造了死海。死海，位於約旦──死海地溝的最低部，是東非裂谷的北部延續部分。死海是世界上最低的湖泊，它的湖岸是地球上已露出陸地的最低點。

死海，是一個內陸鹽湖，之所以以此為名，也是因為海裡的高鹽度讓魚兒和其他水生物都難以生存，水中只有細菌和綠藻沒有其他生物，岸邊及周圍地區也沒有花草生長。

死海的水源自於約旦河，約旦河每年向死海注入5.4億立方公尺水，另外還有4條不大但常年有水的河流從東注入，可以說，死海的水位幾乎是由約旦河河水流入水量與蒸發水量決定的。

但是近年來，主要向它供水的約旦河水量卻在逐漸減少，一方面是由於氣候變化、降雨減少、氣溫升高等因素，乾旱的年分越來越普遍；另一方面是由於，約旦和以色列向約旦河取水供應灌溉及生活用途，所以死海面臨著水源枯竭的危險。

現在，死海的水位每年減少1公尺，2006年時海拔-418公尺，2007年時更低到了海拔-420公尺，面積幾乎比50年前少了1/2。不久的將來，死海將不復存在。

上個世紀80年代初，人們又發現死海正在不斷變紅，經研究，發現水中正迅速繁衍著一種紅色的小生命──「鹽菌」。其數量十分驚人，大約每立方公分海水中含有2,000億個鹽菌。因此，死海的實際情況實在不容樂觀。

而研究人員指出，死海水位下降會造成許多不利後果，因為死海中蘊藏著大量的礦物，若工廠利用死海的水提取碳酸鉀、鹽和鎂的物質，那所耗的成本會大大提高；周邊地下水層的淡水快速流出後將出現大量污水池；脫鹽形成的泥漿也將嚴重危害公路和土木工程建築。

儘管死海還待進一步的「把脈」，但其情況還是令人堪憂。

## 亞馬遜雨林

災難性質：森林消失、生物減少
劫難程度：★★★★★
所屬國家：巴西、哥倫比亞、秘魯、
　　　　　委內瑞拉
總　面　積：700萬平方公里
海　　拔：小於200公尺

# 地球之肺在消失

　　曾有人將亞馬遜雨林比作「地球之肺」——地球上1/3的氧氣是由這裡產生的，然而很多人並不知道愛護它。最新的衛星圖像裡，亞馬遜雨林的面積正在迅速萎縮。世界自然基金會提醒：2030年雨林將消失大半。

亞馬遜雨林 Amazon Rainforest

位於南美洲的亞馬遜河是世界上流域最廣、流量最大的河流，滋潤了800萬平方公里廣袤土地的它也孕育了世界上最大的熱帶雨林，這裡被公認為世界上最神祕的「生命王國」。

亞馬遜熱帶雨林蘊藏著世界最豐富最多樣的生物資源，昆蟲、植物、鳥類及其他生物種類多達數百萬種，它是探險者和生物學家的天堂。

但是，近年來，破壞性的砍伐已經讓亞馬遜雨林的水土流失，更是導致它2005年遭遇了百年來最嚴重的乾旱。

2007年，世界自然基金會曾發布了一項研究報告。報告指出，到2030年時，砍伐、放牧及乾旱等現象將更為嚴重，亞馬遜雨林的近60％面積有可能會在全球氣候變化及去森林化的影響下消失或嚴重損壞，並導致555億至969億噸二氧化碳釋放到大氣中，這相當於全球兩年的二氧化碳排放量。

然而，隨著全球氣溫的上升，它的生態系統將再遭重擊。如果平均氣溫上升2℃，亞馬遜雨林中20％至40％的林木將在未來100年內消失。如果氣溫上升幅度達到4℃，那麼85％的亞馬遜熱帶雨林將不復存在。

令人擔憂的是，熱帶雨林的減少不僅意味著森林資源的減少，而且意味著全球範圍的環境惡化。世界自然基金會的一位專家表示：「亞馬遜雨林對全球氣候變化的重要性不能被忽視，它不僅是簡單地為全球起到降溫作用，而且還提供大量淡水資源，吸收大量二氧化碳。」

## 大堡礁

災難性質 ：海水升溫、水質pH值降低
劫難程度 ：★★★★★
所屬國家 ：澳大利亞
總 面 積 ：34.44萬平方公里

# 2,500萬年了
# 不能沒有你

　　IPCC預計，到2050年，大堡礁97％的珊瑚將白化、死亡。大堡礁的消失，不僅是地球的遺憾，也將是全球變暖帶給澳大利亞最快、最直接、最巨大的損失！

大堡礁 Great Barrier Reef

用美輪美奐來形容澳大利亞東海岸的這片天然財富絕對是貼切的。形成於中新世時期的大堡礁距今已有2,500萬年的歷史，這片世界上最大、最長的珊瑚礁群被列為世界七大自然景觀之一，又稱為「透明清澈的海中野生王國」。

然而，形成這一奇觀的那些體態玲瓏、色澤美麗的珊瑚蟲，只能生活在水質潔淨、透明度高且全年水溫保持在22℃～28℃的水域中。澳大利亞東北岸外的大陸棚海域正好具備了這些理想條件，這才有了今天震撼人心的大堡礁。

但是，這個世界上最有活力和最完整的生態系統，平衡也是最脆弱的，某一方面的威脅對於整個系統將是一種災難。而今天二氧化碳大量排放造成的海水pH值【注】降低與不斷升高的水體溫度就成了這致命的威脅。澳大利亞著名的海洋學家查理‧貝隆對此表示：「一旦二氧化碳在2030年和2060年之間達到預想的水準，全球所有的珊瑚礁都將註定滅亡。」

事實上，在1998年到2002年之間，因大面積珊瑚白化，澳大利亞的大堡礁就至少損失了10％的珊瑚。而珊瑚顏色的變化正是來自於寄生其體內的共生藻的大量死亡，這種死亡與海洋中化學成分的不斷增加與海水升溫密切相關。IPCC預計，到2050年，大堡礁97％的珊瑚將白化、死亡。

顯然，那將是一場極大的災難，因為這片奇蹟般的美麗景觀除了擁有吸引千萬遊客的美麗外表之外，還有著更為重要的意義。大堡礁為超過100萬種物種提供著安居之所，而這些豐富的生物居民則是陸地上數百萬人的食物來源。同時，這片奇美的景觀還支撐著規模巨大的旅遊業，為數以千計的人提供就業崗位，更意味著澳大利亞每年45億美元的旅遊收入。

珊瑚礁消亡，這一切都將不再存在。

---

【注】 海水pH值：是海水酸鹼度的一種標誌。大洋中水的pH變化主要是由$CO_2$的增加或減少引起的。通常情況下，海水的pH值穩定在7.9～8.4之間就會比較有利於海洋生物的生長。

## 西伯利亞

災難性質 ：永凍土融化
劫難程度 ：★★★★☆
所屬國家 ：俄羅斯
總 面 積 ：1,276萬平方公里
海　　拔 ：中、北部海拔50～150公尺，
　　　　　西、南、東部海拔為220～300公尺

# 流放地的可怕力量

　　西伯利亞利亞離我們很遠，但相信幾乎所有人都知道這個荒漠的地方，而西伯利亞的變化所帶來的影響距離我們更近。這片流放地與礦藏的集合體正在遭受並反作用於氣候變化帶來的影響。

西伯利亞 Siberia

　　西伯利亞是俄羅斯境內北亞地區的一片廣闊地帶。西起烏拉爾山脈，東迄太平洋，北臨北冰洋，西南抵哈薩克斯坦中北部山地，南與中國、蒙古和朝鮮等國為鄰，面積約1,276萬平方公里。

　　這裡曾經是流放俄國革命者或政治犯的地方，著名的十二月黨人、列寧都曾被流放至此。因此，人們會因為那種肅殺沉重的政治氣氛而把這裡定義為雪域、嚴寒、空曠。其實，這裡擁有廣袤的森林、海洋、江河、湖泊、沼澤，甚至是城市。俄羅斯科學家、作家羅蒙諾索夫還曾說過：「俄羅斯的強大正在於西伯利亞的富饒。」這裡蘊藏的資源接近原蘇聯全部資源的2/3。

　　但是氣候變暖帶來的影響，連遙遠的西伯利亞也未能倖免。

　　這裡冰封多年的永久凍土開始融化。美國和俄羅斯科學家的一項最新研究顯示，俄羅斯西伯利亞和北美阿拉斯加等地的凍土帶在融化時會釋放出大量的溫室氣體二氧化碳，很可能會加速全球氣候變暖。專家預測，僅西伯利亞凍土帶的碳釋放出來，就會導致全球大氣二氧化碳濃度增加一倍。現實的是，如果西伯利亞的生態系統變化將會直接影響到中國及其他國家的生態環境。

## 婆羅洲

災難性質 ：海水淹沒
劫難程度 ：★★★★☆
所屬國家 ：印尼、馬來西亞、汶萊
總 面 積 ：743,330平方公里

# 如果沒有伊甸園

　　一個神祕島嶼，一座物種寶庫，一方與世隔絕的伊甸園，一萬年前的海平面上升造就了今天的婆羅洲，而未來或許依舊是這隻推手將它埋葬。

婆羅洲 Borneo

　　婆羅洲（Borneo）又稱加里曼丹島，面積743,330平方公里，是世界第三大島，也是世界上獨一無二分屬於三個國家（印尼、馬來西亞和汶萊）的島嶼。由於島嶼龐大的面積，古人並不稱其為島，於是才有了婆羅洲之名。婆羅洲遠古時是與歐亞大陸相連，直到一萬年之前最後的冰河期過去，冰川消融導致海平面上升，婆羅洲從此才被海水所包圍，與世隔絕。而這裡本來與周圍菲律賓等國相同的物種也開始朝著其獨有的方向發展。因此，今天的婆羅洲擁有令人驚異的多樣化生態環境，成為探險客心中的伊甸園。

　　世界自然基金會近來公布，自1996年以來，婆羅洲已經發現了361個新物種，這意味著這個島嶼上平均每個月就至少發現3個新物種，並且該地區尚有上千個物種還沒得到研究。「這些發現再次證明了婆羅洲是世界上最重要的生物多樣性集中地之一。」世界自然基金會「婆羅洲之心」項目國際協調員斯圖爾特・查普曼表示。

　　而在歷史上，最早有關婆羅洲的敘述則來自於西元150年托勒密所著《地形指南》。此外，島上發現的羅馬人購物用的珠子、印度的手工製品等等，都證明了西元前2～3世紀時這裡高度發達的文明。值得慶倖的是，在大航海時代足跡遍布全球的歐洲勢力對這片伊甸園的影響是較小的。讓婆羅洲這個伊甸園仍能完整的留存至今。

　　值得警惕的是，在近30年來，隨著農業開墾和種植經濟作物，島上的原始森林被大規模砍伐，而許多婆羅洲特有的動植物因為失去了原有的生存地而瀕臨滅絕。就連當地土著也開始離開世代居住的草屋，穿上牛仔褲和T恤出外打工。慢慢地，人們只有在刻意建築的文化村裡，才能看到往日婆羅洲的生活場景與奇異動植物。

　　並且，一旦海平面因為全球變暖、冰川融化而大幅上升，婆羅洲將面臨著萬年前同樣的境遇，只不過，這一次海水將不僅僅切斷它與大陸的聯繫，而是吞沒它大部分的土地與寶貴的物種財富。屆時，人類心目中的那個伊甸園或許就真的永遠消失了。

## 瓦登海

災難性質：海水淹沒
劫難程度：★★★★★
所屬國家：荷蘭、德國、丹麥
總　面　積：10,000平方公里

# 被埋葬的
# 「行走海域」

　　瓦登海是野生動物與各式植物的自然
天堂，亦是人類最接近這天堂的地方，海
平面上升或許將埋葬這塊奇妙的「行走海
域」。

瓦登海 Waddenzee

你必須相信，在荷蘭有一個地方，人們可以在徒步涉水從陸地走到海中的小島上去。瓦登海（Wadden Sea）就是這個世界上唯一可以讓人有這種奇妙體驗的地方。

在荷蘭北部的菲士蘭省，有一片世界著名的海床漫步區和度假勝地，瓦登海。這片海域包括德國、丹麥以及荷蘭北部的瓦登群島、海面和泥沼，面積大約覆蓋1萬平方公里。海域中遍布淺灘，潮汐上漲時成為海洋，下落時又成為可以行走的陸地。而海中的島嶼不僅擁有美麗的沙灘和迷人的村莊，還是野生動物群的自然天堂。

但是，最為奇妙的還是這裡的傳統運動，徒步穿越海床。早在上個世紀30年代，當地人就發現了徒步穿越海床的路線，而1968年這裡還成立了菲士蘭海床行走中心，為所有準備體驗這奇妙之旅的人提供專業的指導。嚮導將帶領體驗者行走在退潮時新暴露的海床上，呼吸著鹹鹹的空氣並身處充滿淤泥的水中，海扇和海螺會在你腳下遊動，淺水中還有閃過的對蝦，海藻形成的泡沫在水面上爆裂。這段奇妙之旅將讓人在瓦登海得到和自然最親密的接觸。

2009年6月，聯合國科教文組織世界遺產名錄已經正式將瓦登海確定為世界自然遺產，與美國的科羅拉多河大峽谷、澳大利亞大堡礁等世界其他著名的自然景觀奇蹟享有同等聲譽。而現實是，這片淺海和濕地交雜的神奇海域，在海平面上升的大潮面前，或許將再不會露出水面。

作為西歐最大的連續自然生態環境保護區和世界最大的潮汐區，瓦登海是荷蘭國家空間戰略的關鍵組成部分。其靠近內陸被稱為艾瑟爾湖的部分對荷蘭防洪、飲用水供應、自然和文化保護、以及水上娛樂活動和旅遊業都具有重要意義。

瓦登海消失，不僅其內生存的豐富物種將遭到威脅，候鳥面臨無處棲息的難題，與之相關的防洪與供水問題也將困擾居民，更不用提每年來這裡的旅行者所提供的巨大收益了。

## 盧克索神廟

災難性質　：河水侵蝕
劫難程度　：★★★★★
所屬國家　：埃及
建造時間　：西元前14世紀

# 會說話的石頭失語了

　　盧克索神廟曾是埃及文明的使者，通往諸神的宮殿。但現在，由於水土流失，門前的方尖碑都發生了傾斜，還有更多的侵蝕在看不見的地方滋生。

盧克索神廟 LuxorAmonTemple

一位古埃及預言家曾說：「底比斯，底比斯，你將消失，只有石頭上的字會為你說話。」這座被古希臘大詩人荷馬稱為「百門之都」的大城消失了，可是現在，就連為它說話的「石頭」也面臨被侵蝕的危險。

這些石頭就是底比斯的中心地帶，盧克索神廟。神廟坐落在盧克索中心的尼羅河東岸，是古埃及第十八朝法老阿蒙霍特普三世為祭奉太陽神阿蒙、他的妻子自然神姆特和他們的兒子月亮神孔斯而修建的。

盧克索神廟長262公尺，寬56公尺，由塔門、庭院、柱廳、方尖碑、放生池和諸神殿構成。塔門是神廟的主要入口，塔門上有描繪當時節日景象和古埃及十九王朝法老拉美西斯二世在敘利亞作戰情景的浮雕，塔門兩側聳立著拉美西斯二世的巨大石像。走進塔門即為著名的拉美西斯庭院，入口處是造型獨特，雄偉壯觀的柱廊，14根16公尺長似紙草捆紮狀的石柱分兩排高高聳立，庭院四周三面建有雙排的雅致石柱，柱頂呈傘形花序。穿過庭院是一個大廳和側廳，中央大廳東面的降生室實際上是一個小禮拜堂，四周石壁上的浮雕描繪著穆特穆伊亞女王和阿蒙太陽神象徵性結婚的情景。神廟的牆壁上保留了許多敘述法老生平的浮雕。神廟前方矗立著一座花崗的盧克索方尖碑，而另一座早於18世紀，被當做人情送給了法國，現在巴黎協和廣場。

但是，近年來，盧克索神廟正被不斷侵蝕。

由於全球變暖，尼羅河的河水不斷上漲，有些地區已經上漲1.5公尺之多，而該地區又接近入海口。在水位上漲的同時，尼羅河沿岸的粗放式農業灌溉帶來了大量的化肥等有機物，加速了建築的鹽鹼化。

現在，盧克索神廟已經被列為「世界瀕危遺產」，這種消失固然不會直接對人類產生生命影響，但卻是信仰的倒塌、文明的流逝。試著想想，如果我們在一段沒有根的歷史中行走，是不是很快就會忘記自己是誰。

## ◆ 結 語 ◆

　　一部歷史，見證興衰沉浮；一部巨作，留待古今吟誦；一處美景，凝聚天地精華……在良辰美景易逝的古老「咒語」中，我們倍加感覺這些自然造物的珍貴。因為當心靈需要重歸時、當思想需要內省時，我們會第一時間想到走進自然之中。唯有這些自然美景才能滌蕩內心的浮躁與欲望，唯有在自然面前我們才會處子般純淨無邪。為了這些心靈的歸宿、為了這些地球的淨土，我們應該阻止毀壞的延續。

# 後記 | POSTSCRIPT

## 註定要漂流　何必苦作舟

人類一直渴望主宰地球。

然而幾千年過去了、幾十萬年過去了、幾百萬年過去了，人類仍然停留在主宰地球的「渴望」階段。

地球仍然是地球，人類卻經歷了多次文明的消亡。正所謂「註定要漂流，何必苦做舟」！人類何時才能從歷史中成長？在人類曾經擁有過的諸多文明中，哪一個的覆滅不是人類的自食其果？

在南太平洋上有一個「最與世隔絕」的島嶼——復活節島，那裡曾經是個繁盛的文明社會，然而在西元1200年左右，島上居民為了滿足自己的私慾，熱衷建造巨大的石頭雕刻人像，肆意掠奪森林資源，最終導致自身的衰亡。美國加州大學的地理學家和生理學家傑瑞德・戴蒙德（Jared Diamond）認為，「僅在幾個世紀的時候裡，復活節島上的居民們就砍光了島上的森林，使得島上的動植物全部滅絕，隨後島上的人類社會也進入混亂並導致最後的覆滅。」

不只復活節島，人類歷史上赫赫有名的馬雅文明、巴比倫文明、維京文明，以及中國的樓蘭文明，皆因環境危機而被瓦解。

究其深層原因，正如英國歷史學家阿諾德・湯恩比（Arnold Toynbee）所說，「文明之所以消失，是因為自殺，而非被謀殺。」

人類的祖先曾用不同的方式留存對災難的記憶，希望人類不要重蹈覆轍，學會生存下去的真正「智慧」。

　　柏拉圖在他的《對話錄》中展示了亞特蘭提斯文明消失的真相。亞特蘭提斯是個史前高度文明的國度，是個一夜之間消失得無影無蹤的古代帝國。西元前350年，西方哲學奠基人柏拉圖用對話的形式描繪了這個神祕的國度。在柏拉圖的描述中，亞特蘭提斯不僅有華麗的宮殿和神廟，而且有祭祀用的巨大神壇；亞特蘭提斯人擁有的財富也多得無法想像。亞特蘭提斯人最初誠實善良，具有超凡脫俗的智慧，過著無憂無慮的生活。然而隨著時間的流逝，亞特蘭提斯人的野心開始膨脹，他們開始派出軍隊，征服周邊的國家。他們的生活也變得越來越腐化，無休止的窮盡奢華和道德淪喪，終於激怒了眾神，於是，「眾神之神」宙斯一夜之間將地震和洪水降臨於此，亞特蘭提斯最終被大海吞沒，從此消失在深不可測的大海之中。

　　最近一個世紀來，科學家一直試圖在浩瀚的海洋中找到這片曾經的繁華之地。2004年，考古學線上期刊《古物》上發表的一項研究報告指出，「傳說中的沉沒於大西洋中的迷失帝國亞特蘭提斯有可能位於西班牙南海岸外的一塊鹽沼區域。據衛星圖片顯示，該地區的地理環境與古希臘學者柏拉圖所記載描述的亞特蘭提斯相當吻合。」

　　此外，《聖經·創世紀》中有諾亞方舟的故事。「上帝造人之後，人類慢慢走向墮落，他們以殺戮為榮，貪婪而傲慢，血腥殘酷的戰爭在大地上肆意蔓延，處處血流成河，民不聊生。」

　　古希臘神話有宙斯放洪水毀滅世界以懲戒人類的故事；古愛爾蘭有比特在洪災時帶一家老小乘船逃生的故事；中國則有女媧補天消除大洪水的故事……。

　　古代墨西哥著作《梵蒂岡城國古抄本》曾這樣記載：地球上先後出現過四代人類。第一代人類是一代巨人，他們毀滅於饑餓。第二代人類毀滅於巨大的火災。第三代人類就是猿人，他們毀滅於自相殘殺。後來又出現了第四代人類，即處於「太陽與水」階段的人類，處於這一階段的人類文明毀滅於巨浪滔天的大洪災。

　　2008年，科學家研究發現，地球正迎來第六次動植物大滅絕，近50％的物種將消失。聖塔芭芭拉加州大學生態學、進化學和海洋生物學系副教授布蘭得利・卡迪納爾說：「當前這場物種滅絕的罪魁禍首是人類活動，包括開採地球、製造污染以及我們今天正在做的很多事。在我們有生之年地球很可能失去一半的物種。」當然，一手導演這場大滅絕的人類，最終也必將走向衰亡。

　　所以說，無論從地球發展的歷史還是從目前的現狀來看，人類都不可能成為地球的主宰者。甚至，人類連毀滅地球的能力都沒有。那麼當此刻，歷史又給出了一個命題時，我們是否該停下腳步去認真反思，如何讓我們的文明與這個地球同生共存、欣欣向榮，而不是繼續醞釀人類的文明悲劇，從而離那些精神的原旨越來越遙遠，快速淪落為這個星球無根的漂流者……。

# 地球還剩幾年？極端氣候下的關鍵時刻

| | |
|---|---|
| 作 者 | 蘇言 |
| 發 行 人 | 林敬彬 |
| 主 編 | 楊安瑜 |
| 副 主 編 | 黃谷光 |
| 編 輯 | 陳亮均、夏于翔 |
| 內頁編排 | 謝淑雅、夏于翔 |
| 封面設計 | 彭子馨（Lammy Design） |
| 編輯協力 | 陳于雯、丁顯維 |

出 版　大都會文化事業有限公司
發 行　大都會文化事業有限公司
　　　　11051台北市信義區基隆路一段432號4樓之9
　　　　讀者服務專線：（02）27235216
　　　　讀者服務傳真：（02）27235220
　　　　電子郵件信箱：metro@ms21.hinet.net
　　　　網　　　　址：www.metrobook.com.tw

郵政劃撥　14050529　大都會文化事業有限公司
出版日期　2017年9月修訂初版一刷
定 價　320元
I S B N　978-986-94882-6-6
書 號　Focus-015

Chinese (complex) copyright © 2014 by Metropolitan Culture Enterprise Co., Ltd.

Metropolitan Culture Enterprise Co., Ltd.
4F-9, Double Hero Bldg., 432, Keelung Rd., Sec. 1, Taipei 11051, Taiwan
Tel:+886-2-2723-5216　Fax:+886-2-2723-5220
Web-site:www.metrobook.com.tw　E-mail:metro@ms21.hinet.net

◎本書由上海本周圖書有限公司授權繁體字版之出版發行，於2012年
　3月以《不只台北沉沒》出版。
◎本書如有缺頁、破損、裝訂錯誤，請寄回本公司更換

國家圖書館出版品預行編目（CIP）資料

地球還剩幾年？極端氣候下的關鍵時刻 / 蘇言著. -- 修訂
初版. -- 臺北市：大都會文化，2017.09
288面；17x23公分.

ISBN 978-986-94882-6-6（平裝）

1.全球氣候變遷 2.地球暖化 3.溫室效應

328.8018　　　　　　　　　　　　　　　106014080